河北省科普专项，项目编号 21555401K。

农村地震避险实用手册

——以京津冀地区为例

主　编◎郑建锋

副主编◎杨　静　李魁明

U0223845

地震出版社

图书在版编目（CIP）数据

农村地震避险实用手册：以京津冀地区为例／郑建锋
主编 . —北京：地震出版社，2024.5
ISBN 978 - 7 - 5028 - 5655 - 7

Ⅰ. ①农…　Ⅱ. ①郑…　Ⅲ. ①农村—地震灾害—防治—
华北地区—手册　Ⅳ. ①P315.9 - 62

中国国家版本馆 CIP 数据核字（2024）第 091237 号

地震版　XM5801/P（6483）

农村地震避险实用手册
　——以京津冀地区为例

主　编◎郑建锋

责任编辑：郭贵娟
责任校对：凌　樱

出版发行：**地 震 出 版 社**
　　　　　北京市海淀区民族大学南路 9 号　　　　邮编：100081
　　　　　发行部：68423031　68467993　　　　传真：68467991
　　　　　总编办：68462709　68423029
　　　　　专业部：68467982
　　　　　http://seismologicalpress.com
　　　　　E-mail：dz_press@163.com
经销：全国各地新华书店
印刷：北京华强印刷有限公司

版（印）次：2024 年 5 月第一版　2024 年 5 月第一次印刷
开本：787×1092　1/16
字数：140 千字
印张：6.25
书号：ISBN 978 - 7 - 5028 - 5655 - 7
定价：49.00 元

华北地震区是中国东部强震活动的主要地区，地震活动水平较高，震级和频率仅次于青藏高原地震区。京津冀区域地处华北地震区北部，区内受多组北北东向、北西西向断裂带的影响，构造活动强烈，且该区域人口稠密、大城市集中，地震安全不容忽视。有记载以来我国发生 $M \geq 8.0$ 地震 18 次，其中包含 1679 年三河—平谷地震，除此之外，京津冀地区大地震，如 1966 年邢台地震，1967 年河间—大城地震，1976 年唐山地震、宁河地震，1998 年张北地震等，震级均在 6.0（含 6.0）级以上，伤亡人数多，造成的经济损失巨大。

自汶川地震、玉树地震以来，更多人开始关注地震并期待获取防震减灾的科普知识。调研发现，京津冀地区多数农村中小学、幼儿园已开展地震科普知识学习，一些学校定期组织地震应急疏散演练，特别是每年以 5 月 12 日防灾减灾日为契机，疏散演练和科普宣传有机结合，村委会、志愿者也以各种方式参与此工作，共同成为构筑生命安全堡垒的身边组织者、宣传者和引导者。

未雨绸缪胜过亡羊补牢，防范风险好过处置危机。京津冀农村地形复杂、房屋结构多样，部分村庄疏散路线不规范、避难场所不明确，迫切需要实用的地震避险手册。为推动防震减灾科普创新化、协同化、社会化、精准化，提升京津冀农村地震科普工作水平，探索组织者动作规范化、志愿者培训标准化、应急体系科学化，我们设计编写本手册。

手册的编写注重理论与实践结合、科学和实用兼顾。其中，理论依据来源于专业的农村防震减灾知识，实践依据包括 2013—2021 年在农村及其中小学实地组织的应急疏散演练实施经验与反馈，以及 2021—2023 年京津冀农村精准入户调研数据与对策。希望本手册的聚焦和针对性能在一定程度上增强农村居民的防震减灾意识，提升他们的自救互救能力，为人民满意、乐于接受的防震减灾科普工作贡献一份力量。农村居民、科普工作者、志愿者携手同行，建立健全灾害风险网格化管理，努力提升基层应急能力，筑牢防灾减灾救灾的人民防线，共同打造有韧性的未来。

北京市通州区宋庄镇邢各庄村、天津市蓟州区尤古庄镇侯庄子村、河北省三河市杨庄镇中门辛村，以及《农民日报》、三河市委宣传部等单位在调研过程中给予大力支持。项目组成员李魁明、何振瑀、高雪晴、陈伟博、王一帆负责整理本次调研数据的结果，完成案例分析部分；朱桃花、岳丽娜、霍宁宁等在编写过程中梳理文献，提出了一些好的建议，在此一并表示感谢。

作者水平有限，书中不当之处难免，权当引玉之砖，期待同行评说，敬请斧正赐教。

目　录

第1章
京津冀地震地质历史现状

防震减灾工作是社会公共安全的重要组成部分,承担着保护人民群众生命安全和保障经济社会可持续发展的重任。京津冀地区位于地震活动频次高、强度大的华北平原,1679年三河—平谷8.0级地震和1976年唐山7.8级地震是该地区震级最大、破坏最为严重的两次地震,伤亡人数多、造成的经济损失巨大,深入了解地震地质历史现状,扎实开展防震减灾工作,才能做到遇事不慌、临"震"不乱。

1.1 京津冀地震地质概况

1. 区域地震地质现状

京津冀地区所在的华北地块处于阴山—燕山地块以南、秦岭—大别山以北,西至鄂尔多斯高原、东到沿海一带。京津冀地区($113°04′\sim119°53′E$,$36°01′\sim42°37′N$)地处燕山以南、太行山东侧,为燕山构造带与太行山山前断裂带的交会地带。

从地质构造上,在经历了古近纪差异性裂陷和新近纪以来的整体沉陷之后,华北平原的活动断裂多为晚更新世或全新世断裂且走向大致分为2组,即北东或北东东向和北西西或北西向。其中,前者的活动断裂主要分布于太行山隆起带及华北平原区,而后者的活动断裂主要分布于张家口—蓬莱构造带,活动断裂的组合形式作为燕山隆起带、华北平原区、张家口—蓬莱构造带的分界线,构成了该区地表地质构造的基本格局。

公元前231年至公元2018年京津冀地区共保存1044次地震记录,主要以有感地震和中强地震为主,其中有感地震发生773次,中强地震发生205次,分别占地震总次数的74%和19%,其他级别地震发生频次较低,小地震41次、强烈地震20次、大地震5次,分别占总地震次数的4%、2%、1%。

2019年至2023年,京津冀地区发生有感地震17次,其中北京2次,天津1次,其余发生在河北;中强地震1次,发生在河北唐山古冶区;未曾发生过强烈地震、大地震或巨大地震。

具体信息可以扫码或登录网址中国地震局官网（https://www.ceic. ac.cn/history）查询。

2. 地震事件数据统计

华北平原地震活动频次高、强度大，是中国东部活动断裂差异活动最强烈的地区。位于华北平原中部的京津冀地区的地震事件更是备受关注。截至 2023 年，根据历史地震资料记载，京津冀地区曾发生 6（含 6.0）级以上地震 30 余次，其中 7 级以上地震 5 次，包括三河—平谷 8.0 级地震，如表 1 所示。另外，北京曾发生 6 次 6（含 6.0）级以上地震，最近的一次是 1730 年 9 月 30 日北京西北郊 6.5 级地震。

表 1   京津冀地区历史地震（$M_S \geq 6.0$）

时间	震级	震中纬度/ （°N）	经度/ （°E）	深度/km	参考位置
294 年 9 月	6.0	40.5	116.0		北京延庆东
1057 年 3 月 30 日	6.75	39.7	116.3		北京南
1484 年 2 月 7 日	6.75	40.5	116.1		北京居庸关一带
1536 年 11 月 1 日	6.0	39.8	116.8		北京通县（今通州区）南
1665 年 4 月 16 日	6.5	39.9	116.6		北京通县西
1730 年 9 月 30 日	6.5	40.0	116.2		北京西北郊
1976 年 7 月 28 日	6.2	39.2	117.8	19	天津汉沽
1976 年 11 月 15 日	6.9	39.4	117.7	17	天津宁河西
1977 年 5 月 12 日	6.2	39.2	117.7	19	天津汉沽附近
777 年	6.0	37.8	115.2		河北晋宁东北
1068 年 8 月 20 日	6.5	38.5	116.5		河北河间
1144 年 8 月 16 日	6.0	38.5	116.0		河北河间
1314 年 10 月 13 日	6.0	36.6	113.8		河北涉县
1337 年 9 月 16 日	6.5	40.5	115.5		河北怀来
1618 年 11 月 16 日	6.5	39.8	114.5		河北蔚县附近
1624 年 4 月 17 日	6.5	39.5	118.8		河北滦县
1658 年 2 月 3 日	6.0	39.4	115.7		河北涞水
1679 年 9 月 2 日	8.0	40.0	117.0		三河、平谷
1720 年 7 月 12 日	6.75	40.4	115.58		河北怀来
1830 年 6 月 12 日	7.5	36.4	114.3		河北磁县
1882 年 12 月 2 日	6.0	38.1	115.5		河北深县（今深州市）

续表

时间 （年－月－日）	震级	震中纬度/ （°N）	经度/ （°E）	深度/km	参考位置
1945 年 9 月 23 日	6.25	39.7	118.7		河北滦县
1966 年 3 月 29 日	6.0	37.35	115.03	25	河北巨鹿北
1966 年 3 月 22 日	6.7	37.50	115.08	9	河北宁晋东南
1966 年 3 月 22 日	7.2	37.5	115.1	9	河北宁晋东南
1966 年 3 月 8 日	6.8	37.35	114.92		河北隆尧东
1966 年 3 月 26 日	6.2	37.68	115.27	15	河北束鹿南
1967 年 3 月 27 日	6.3	38.5	116.5		河北河间、大城
1976 年 7 月 28 日	7.8	39.4	118.0	22	河北唐山
1976 年 7 月 28 日	7.1	39.7	118.5	22	河北滦县
1998 年 1 月 10 日	6.3	41.11	114.55	30	河北张北

1.2　北京大地震历史回顾

1. 史书记载的时空分布

北京地处西山和燕山山麓，有记录以来，北京地区最早的地震发生在晋元康四年（294 年），震中在延庆。这一年，连续发生了两次地震，第一次在 3 月，第二次在 9 月。

自晋元康四年（294 年）有地震记载以来，北京地区曾遭受 6（含 6.0）级以上破坏性大地震袭击有 6 次之多，5 级地震有 11 次，遍布在大兴、延庆、通州、平谷、海淀、昌平等区。

从清雍正八年（1730 年）以来，震中在北京的 6（含 6.0）级以上的地震还没有发生过。

2. 史书记载的 6.0 级及以上地震

（1）辽清宁三年（1057 年），在北京发生了有史记载以来，第一次 6 级以上的地震，震中在北京南郊的大兴，震级为 6.8 级。

（2）明成化二十年（1484 年），居庸关发生 6.8 级地震。

（3）明嘉靖十五年（1536 年），通县南部发生 6.0 级地震。

（4）清康熙四年（1665 年），通县西部发生 6.5 级地震。

（5）雍正八年（1730 年），北京西郊的海淀及昌平，发生 6.5 级地震。伤亡人数 457 人，230 个村镇有遭破坏的记载。

北京地区虽然处于地震活跃地带，但是震中多在郊区县，离城区较远。历史上只有两次5.0级地震的震中发生在北京城区内。进入二十世纪以来，北京城区没有发生过5级以上的地震。

1.3 天津大地震历史回顾

1. 宁河6.9级地震（1976年）

天津地区有历史记载以来的最大地震。1976年11月15日，即唐山7.8主震后约3个半月，在天津市宁河东部（今属滨海新区）发生了6.9级地震（以下简称为"宁河地震"）。天津全市共死亡47人、伤1658人，房屋则被摧毁达1000余间；宁河县（今宁河区）的潘庄、俵口、东棘坨、七里海等地破坏严重，潘庄房屋倒塌150间，俵口乡倒塌房屋300间，东棘坨房屋倒塌几十间，喷水冒砂遍地，七里海尤多。

2. 汉沽6.2级地震（1977）

1977年5月12日天津汉沽附近6.2级地震，震中烈度为Ⅶ度。大田、桥沽公社和汉沽区（今滨海新区）破坏较严重，大田公社房屋倒塌34间，屋檐掉砖、瓦者70余户。桥沽公社房屋倒塌20间，汉沽区内倒房几十间，营城小学倒塌十多间陈旧教室。汉沽大桥上下错动3~4cm。宁河房屋倒塌18间，老安甸潮白河大桥第二桥面板稍有错位。

以上信息可以扫码或登录天津市地震局官网查询。

1.4 河北大地震历史回顾

1. 三河—平谷8.0级地震（1679年）*

1679年9月2日（清康熙十八年），河北北部燕山地震带发生大地震。震中位于河北省大厂县夏垫镇。此震是中国东部人口稠密地区影响广泛和损失惨重的知名历史地震之一，是北京附近历史上发生的最大地震。震级估计为8.0级。

以河北三河和北京平谷的灾情最重，震中烈度为Ⅺ度，破坏面积纵长500千米，北京城内皇宫有多处损坏。据《民国23年平谷县志》记载："七月平谷地震极重，城乡

---

* 此次地震发生在河北三河和北京平谷一带，但为避免重复，仅在河北大地震历史回顾部分简要介绍。

房屋塔庙荡然一空，遥望茫茫，了无障隔。"据统计，三河县（今三河市）地震死亡2677人，平谷县（今平谷区）死亡1万余人。

2. 邢台7.2级地震（1966年）

1966年3月8日至29日，在21天的时间里，邢台地区连续发生了5次6级以上地震，其中最大的一次是3月22日16时19分在宁晋县东南发生的7.2级地震，震源深度9千米，震中烈度为X度。这一地震群袭击了邢台、石家庄、衡水、邯郸、保定、沧州6个地区，80个县市，1639个乡镇，17633个村庄，对当地群众的生产生活和生命财产带来了巨大损失，造成8064人死亡，38451人受伤，倒塌房屋508万余间。

3. 河间—大城6.3级地震（1967年）

1967年3月27日16时58分，河间—大城发生6.3级地震（震中位置：38.5°N，116.5°E），这是继1966年3月22日邢台7.2级大地震一年后发生在河北境内的又一次6级以上大地震。地震造成19人死亡，935人受伤，其中重伤180人。遭到不同程度破坏的房屋203000多间，其中倒塌房屋15250间。

4. 唐山7.8级地震（1976年）

1976年7月28日凌晨3时42分，一场7.8级毁灭性地震袭击了具有百年历史、拥有百万人口的重工业城市——唐山。顷刻间，山崩地裂，房屋倒塌，人员伤亡惨重。当时18时45分在滦县又发生了7.1级强余震，景况愈加悲惨。大地震共造成24万余人死亡，16万余人重伤，7000多户家庭全家震亡，直接经济损失达数十亿元。大地震波及北京、天津等地，有感范围达14个省、自治区、直辖市，217万平方千米。唐山地震灾情之重，损失之巨，为世界地震史上所罕见。

5. 张北6.2级地震（1998年）

1998年1月10日11时50分，张北地区发生了6.2级地震，震中位于张北县大河乡和海流图之间，烈度为Ⅷ度，震源深度约10km。地震灾区涉及张北、尚义、万全和康定等县的19个乡镇，灾区人口近17万。地震中有49人死亡，11439人受伤，其中重伤362人，伤亡人数占全国当年总数的83.9%。地震破坏面积达到650多万平方米，其中完全毁坏175.4万平方米。地震的直接经济损失高达7.94亿元。

以上具体信息可以扫码或登录河北省地震局官网查询。

1.5 防震减灾科普教育示范名录

1. 国家防震减灾科普教育基地

科普教育基地是普及防震减灾知识、增强公众防震减灾意识、提高全民应对地震灾害技能的场所，中国地震局负责科普教育基地的认定管理。截至 2023 年，北京市、天津市和河北省共认定 10 处国家防震减灾科普教育基地。

（1）海淀公共安全馆。该馆位于北京市海淀区新建宫门路 2 号，建筑面积达 $10300m^2$，内容覆盖自然灾害、事故灾难、公共卫生、社会安全四大公共安全领域，包括环境安全、消防安全、地震灾害等 13 个展区，共 170 多个展项。这里是青少年的公共安全教育基地，也是广大市民学习灾难避险知识的课堂。

（2）北京市丰台区东高地青少年科技馆。该馆位于北京市丰台区东高地万源西里 28 栋西门，坐落在中国航天第一城，总建筑面积 $8220m^2$，是北京市最早的青少年校外科技教育机构。科技馆始终注重以特色鲜明的活动提升科技馆的品牌，是一所以航天科普为龙头，科技、艺术教育协调发展的综合性校外教育机构。

（3）国家地震紧急救援训练基地（中国地震应急搜救中心）。该基地位于北京市石景山区玉泉西街 1 号，其前身是中国地震局综合观测中心，2018 年 5 月 8 日正式转隶应急管理部，2019 年 10 月成为我国两支联合国认证国际重型救援队的共同组成单位。基地是国家地震、地质灾害应急搜救与国际救援支撑保障中心和紧急救援训练基地，是国家在地震应急救援领域的业务牵头和技术指导单位。

（4）北京国家地球观象台。该台位于北京市海淀区白家疃路，是中国地震局 I 类野外观测台站，科技部国家重点野外科学观测试验站（试点），其前身是中国人自行设计建造的第一个地震台——鹫峰地震台（1930 年）和北京基准地震台和地磁台（1955 年），是我国第一台自主研制的地震仪、第一个地震遥测台网、第一个数字化地震台的诞生地。

（5）天津滨海地震台。该台位于天津市滨海新区第十三大街防震减灾科普教育基地，其基准站是中国大陆架构造环境监测的基准站之一，也是滨海新区综合地震观测台站，承担着滨海新区和渤海海域的地震监测、地震预警等任务，同时也是天津地震台网数据备份中心。

（6）唐山抗震纪念馆。该馆位于河北省唐山市中心的抗震纪念碑广场，始建于 1986 年，占地面积 3500 平方米，建筑面积 7300 平方米。该馆被评为现代题材的爱国主义教育基地、全国中小学爱国主义教育基地、全国爱国主义教育示范基地。同时，还被评为全国防震减灾科普教育基地、国家 3A 级景区、首批全省国防教育基地。

（7）河北省科技馆防震减灾展厅。该馆位于石家庄长安区东大街 1 号，建筑面积

1.27 万平方米，展厅建筑面积 8400 平方米，由常设展厅、宇宙剧场、4D 演播厅及辅助设施组成。展厅是面向社会公众开展科普教育活动的公益性文化教育场所和科普阵地，被评为全国青少年科技教育基地、全国科普教育基地。

（8）河北省唐山地震遗址纪念公园。该公园位于河北省唐山市岳各庄大街 19 号，总占地面积 40 万平方米，是世界上首个以"纪念"为主题的地震遗址公园。该公园分为地震遗址区、纪念水区、纪念林区、纪念广场等区域，为社会各界和广大人民群众提供了一个文明祭奠地震罹难者、开展爱国主义教育、防震减灾科普宣传以及进行地震学术研究和交流的理想场所。

（9）邢台地震资料陈列馆（邢台地震纪念碑）。该馆位于河北省隆尧县康庄路 525 号，占地面积 7770 平方米，建筑面积 2640 平方米。陈列馆展览以大型原始照片为主，辅以文字说明，图表及相关影视资料及陈列实物，集中再现了 1966 年 3 月邢台发生的中华人民共和国成立后第一次毁灭性大地震的灾情。

（10）唐山地震遗址（遗迹三处）。河北理工大学原图书馆楼、原唐山机车车辆厂铸钢车间及原唐山十中三处遗址于 2006 年被列为国家重点文物保护单位，这也是全国仅有的几处地震遗址"国保"单位。该遗址基本保持了震时破坏的原貌，建筑结构的破坏形式极为典型，是非常珍贵的自然灾害型遗址，为建筑学、地震地质学等的研究提供了大量第一手资料。

京津冀以外的国家防震减灾科普教育基地，可以扫码或登录中国地震局官网查询。

2. 国家防震减灾科普示范学校

2016 年 12 月 9 日，中国地震局印发《国家防震减灾科普示范学校建设指南》，明确国家防震减灾科普示范学校建设的目的意义、建设目标、建设范围、建设标准，并详细指出认定流程为：

（1）在省级防震减灾科普示范学校（地震安全教育示范学校）自愿申请的基础上，由各省地震部门于每年 10 月底前推荐，报中国地震局。

（2）中国地震局组成专家组进行评审，评审通过后命名为"国家防震减灾科普示范学校"。

（3）国家和省地震部门每三年对国家防震减灾科普示范学校进行抽查复核，对不符合条件的责令限期整改，整改仍不合格的取消命名，并向社会公告。

2017～2022 年，国家防震减灾科普示范学校总计 514 所，京津冀区域内 64 所，其中北京 28 所，天津 14 所，河北 22 所。

具体名单以及京津冀以外的国家防震减灾科普示范学校名录，可以扫码或登录中国地震局官网查询。

我国农村家庭的房屋建筑大多采用的是传统的砖木结构、砖石结构以及砖混结构。相比于城市的钢筋混凝土结构建筑，农村家庭的房屋建筑可能不够坚固，另外农村家庭的房屋建筑可能还缺乏合理的设计，存在不利于抗震的构件，在抗震性能方面有所欠缺，有关抗震的基础设施还不够不全面。因此，提高农村家庭地震防御水平对人民群众的生命财产安全具有十分重大的意义。

2.1 农村家庭日常准备

1. 家庭防震会

家庭防震会是一种家庭防震减灾的应急措施，旨在帮助家庭成员在地震发生时迅速采取应对措施，减轻灾害损失。

家庭防震会可采取机动灵活的形式，定期或不定期召开，每位家庭成员应秉持认真负责的态度。主持人最好是家庭的监护人，每月可以选取固定的时间段召开。当然，在收到官方发出的临震预报时应当及时召开。家庭防震会的内容应重点围绕家庭的防震救灾对策安排，主要有以下几方面：

（1）宣传有关地震的理论知识与常识，家庭中的每个成员可以利用网络资源积极查阅资料展开学习。

（2）学习防震避震经验和方法，讲解卫生急救护理知识。

（3）分配各人震时应急任务，确定每位家庭成员的震时职责。

（4）开展应急演练，明确逃生路线、避难地点和集合地点。

（5）准备避难和营救用品。

（6）制定应急联系方式，如手电筒、哨子等，以便在地震时及时联系家人。

（7）加固室内家具，定期检查和维护家庭防震设施，确保其正常运转。

（8）落实防火、防电、防水措施。

通过组织家庭防震会，可以帮助家庭成员更好地了解和掌握地震灾害的应对措施，提高家庭的应急能力，保障家庭成员的生命安全和财产安全。

2. 地震应急物资准备

平时（震前）家庭应急物资准备建议清单如表2所示。志愿者在入户科普时对表2进行解释说明。

表2　家庭应急物资储备建议清单

基础版			拓展版		
分类	物品名称	备注	物品大类	物品小类	物品名称
应急物品	有收音功能的手摇充电电筒	可对手机充电，可发报警声音	逃生自救、求救、救助工具	逃生工具	应急逃生绳、救生衣
	救生哨	可吹出高频求救信号			
	毛巾、纸巾/湿纸巾	用于个人卫生清洁		求救联络工具	求救哨子、手摇收音机、便携式收音机、反光衣
应急工具	呼吸面罩	用于逃生遮挡灰尘			
	多功能组合剪刀	含有刀具、螺丝刀、钢钳等			
	应急逃生绳	用于较高楼层逃生		生存求救工具	手摇电筒/便携式手电筒、多功能雨衣、防风防水火柴、长明蜡烛、应急毛毯、多功能小刀
	灭火器/防火毯	可灭火或披在身上逃生			
	常用医药品	抗感染、抗感冒、抗腹泻、降压、降糖等			
应急药具	医用材料	创口贴、医用绷带、纱布等			
	碘伏棉棒	处理伤口、消毒杀菌			
应急食品	饼干、干果、罐头、巧克力、饮用水	提供能量，维持生命			

3. 日常物资储备

做好一周内不依赖任何人生活的"准备"，就是日常物资储备。日常不需要准备特别的物品，储备好那些一旦用完生活就会陷入困境的物品，按照生产日期的先后使用即可。需要注意的是，对于有婴幼儿、老年人和病人的家庭，重要的是要多准备地震发生时马上就能获取的牛奶和常备药等。

日常物资储备应把握四个要点：

（1）冰箱是食品储备仓库。一般家庭中，冰箱以及其他地方储存的食品为1～2周的量合适。

（2）生活用水的重要性。如果停水，最困难的就是没有生活用水可用，为应对紧急情况，平常家里要有储水容器。

（3）全电气化住宅的必需品。全电气化住宅在停电时甚至不能烧热水，如果有热水，则可以食用泡面等大多数食品，所以家庭需要准备储气罐或其他设备，以便在供电供气中断时用。

（4）检查使用期限。和食品的食用期限一样，电池、药物等也有使用期限，为了在发生紧急状况时不慌乱，要定期检查更换。

4. 手机地震预警功能

目前市面主流的智能手机均具备手机地震预警功能，会在地震前的几秒钟发出地震预警提示，为人们的逃生争取宝贵的时间。开启地震预警后即使手机处于静音、勿扰模式，在发出地震预警时都是高分贝音量。大致操作举例如下：

（1）华为/荣耀：设置→安全→应急预警通知→地震预警。

（2）小米：手机管家→家人关怀→地震预警。

（3）OPPO/一加/真我：设定→安全→SOS紧急联络→自然灾害警报→地震警报。

（4）vivo/iQOO：天气APP→设置→地震预警→启用地震预警服务。

（5）苹果/三星：在应用商店内搜索"地震预警"关键词，自行下载相关APP。

5. 家庭防震演练

震时避险，很多事情要在极短的时间内和困难的条件下完成，包括避险、撤离、联络等，通过演练，能很好地检验家庭的防震准备工作，使家庭防震准备更趋完善。

（1）练习"一分钟紧急避险"，进行紧急撤离与疏散练习。假设地震突然发生，在家里怎样避震，设定地震发生时全家人在干什么。地震强度可设为一次性破坏地震，避震方式是室内避震，还是室外避震，根据每人平时正常生活环境，确定避震位置和方式。

（2）演习结束后计算一下时间，看看是否达到紧急避震的时间要求，总结经验，多加反思自己在演习中有哪些做得不到位的地方，修改行动方案后再做演练。

（3）震后紧急撤离。假设地震停止后，如何从家中撤离到安全地段，撤离时要带上应急背包，青年人负责照顾老年人和孩子，要注意关上水、电、气和熄灭炉火等。

（4）紧急救护演习。掌握伤口消毒、止血、包扎等知识，学习人工呼吸等急救技术，了解骨折等受伤肢体的固定方法，以及某些特殊伤员的运送和护理方法。

通过以上步骤，家庭成员可以更好地了解如何在地震发生时保护自己，提高生存机会。同时，通过定期的防震演练，可以增强家庭成员之间的协作和应急反应能力。

6. 地震震感识别方法

（1）轻微震感。主要特征是：室内人员有感觉；门窗轻微作响，悬挂物摆动，器皿作响。烈度等级相当于Ⅲ度、Ⅳ度。

（2）强烈震感。主要特征是：感觉剧烈的晃动，站立不稳，梦中惊醒；门窗、屋顶、屋架颤动作响；桌子振动和移动，桌子上的器物的移动或掉落。烈度等级相当于Ⅴ度、Ⅵ度、Ⅶ度。

（3）特强震感。主要特征是：感觉到摇摆颠簸，行走困难，行动的人会摔倒，处不稳状态的人会摔离原地，有抛起感；有时还会观察到难以想象的现象，如强烈的地声、怪异的地光、难闻的地气等。烈度等级相当于Ⅷ度以上。

2.2　农村房屋结构自评

1. 不利抗震的房屋选址

农村和山区不利抗震的房屋选址包括：

（1）陡峭的山崖下，不稳定的山坡上。地震时易形成山崩、滑坡等，可危及住房。

（2）不安全的冲沟口，如平时易发生泥石流的地方。

（3）堤岸不稳定的河边或湖边。地震时岸坡崩塌可危及住房。

如果房屋选址不利于抗震，就应更加重视住房加固；必要时，应撤离或搬迁。

2. 房屋抗震加固的措施方法

农村房屋以居民自建为主，通常根据居民的实际经济情况和需求，按照当地农居建筑的传统习惯建造。农村地区房屋的建筑材料相对简单，常就地取材，以土、木、石以及砖为主，部分房屋使用钢筋混凝土等抗震性能较好的建筑材料，多数房屋不设防或仅采取圈梁等简单的抗震设防措施，导致农村房屋的抗震能力相对较差，存在一定程度的地震安全隐患。

农村房屋抗震加固的措施方法主要包括墙体加固、女儿墙加固、增设结构柱和环梁、预制板加固、堵塞承重墙上通道、及时修复墙面开裂、增设抗震支撑、屋顶加固等方法。这些方案需要根据房屋的具体情况和当地的抗震要求来选择和实施。同时，也需要加强农村居民的抗震意识和知识普及工作，提高他们对房屋建筑的抗震重视程度和自救能力。

3. 房屋建筑结构安全评判

农村一层、二层住房的安全性鉴定程序和方法，依据住房和城乡建设部印发文件《农村住房安全性鉴定技术导则》，主要包括房屋危险程度鉴定及防灾措施鉴定。其安全性鉴定以定性判断为主，根据房屋主要构件的危险程度和影响范围评定其危险程度等级，结合防灾措施鉴定对房屋的基本安全做出评估。房屋建筑结构安全评判包括地基基础、墙体、梁柱、楼和屋盖、次要构件等部分。

文件详细信息可扫码或登录住房和城乡建设部官网查询。

4. 房屋内在环境安全评判

查找并排除房屋建筑环境的隐患，家庭成员可以一一对照开展自查，发现问题及时处理。

安全评判包括：

（1）电源规范化。不私自乱拉线路，合理排布家庭电路，定期检查家庭线路老化程度，并更换老化的电线。

（2）保持家中逃生通道通畅。不随意堆放粮食、秸秆等物品，不随意停放农用、家用车辆，做好家庭空间规划，留出安全逃生通道。

（3）合理存放易燃易爆物品。设定专门的区域用来存放家中的煤气罐、汽油桶子、柴油桶子等易燃易爆物品。

（4）做好防震加固、排除其他安全隐患。对家中摆放的衣柜、冰箱等大件家具进行抗震固定，使其受晃动不会摇晃倒塌；重物放在底端，轻物放在顶部；玻璃贴上防飞溅用膜；对家中的吊灯等各种悬挂物进行固定，避免晃动脱落砸伤人；对太阳能水塔等高空家庭设施进行加固，减少易掉落物品隐患，避免强烈晃动造成坠物危险。

（5）熟知家中紧急避险区。结合地震及其次生灾害特点，找出每种灾害对应的家中安全区域，做好标记，作为紧急避险区。

2.3 农村震时躲避策略

1. 地震避险方案

家庭提前制定合理的避险方案，能够减少伤亡，最大限度地保护成员的生命安全，依据农村和家庭实际设计，参考依据包括：

（1）房屋建筑状况。根据房屋建筑结构类型、抗震设防情况、使用现状、抗倒塌能力，选择就近躲避或迅速撤离。

（2）疏散（撤离）路径和疏散（撤离）场地的安全情况。农村小巷道比较多，逃生路线可选择多条，设计逃生路线应以到紧急疏散场地或地震应急避难场所的"距离短、道路宽、安全隐患少"为原则，灵活判断，适合撤离的按照撤离路线撤离，不适合撤离的就近躲避，待震后按指令再行疏散。

（3）人员身体条件。根据家中人员的年龄、身体情况，房屋距离应急避难场所的距离，家中是否有行动不便的老人等情况，设计适合的家庭震时避险方式，就近躲避或迅速撤离。

（4）撤离路线路况。农村道路交错狭窄，危墙、池塘、渗井、电线杆等都可能成为地震疏散（撤离）的危险因素，通往应急避难场所的道路存在安全隐患的家庭，必须在确保安全情况下，再有序撤离，否则以就近躲避为宜。

2. 震时避险方式

（1）迅速撤离。察觉到地震动，如房外开阔，无危险物坠落，逃生通道顺畅，可迅速撤离到房外紧急疏散场地；位于平房或建筑一层和二层行动能力正常的，所处房屋柱、墙等承重构件破坏严重的，或者所处建筑出现倾斜、局部坍塌的，果断、快速、敏捷撤离到紧急疏散场地。

（2）就近躲避。如房外危险，或体能达不到，应在室内就近、迅速、机智躲进室内相对安全的空间。

（3）就近躲避情形与迅速撤离情形出现重叠，即两者避险方式均宜的，可灵活掌握或首选迅速撤离避险方式。

（4）避险注意事项，包括：摇晃停止后再开始行动，确保出口通行，确认火源安全，远离玻璃、隔墙、水沟等。

3. 就近避险要领

（1）震前，如收到官方发布的地震预警，应当保持冷静，准备应急物资；不听信、传播谣言；处置好易燃易爆物品；关闭煤气、电闸，做好应急准备。

（2）震中，避险要领包括：

①宜选择有承重作用的区域，如床、桌子等坚固的家具旁边等易于形成三角空间的地方。应避免被悬挂的重物（空调、吊扇等）或摆放的重物（花盆、瓷器等）或易倒的重物（柜子、冰箱等）砸中；应尽量远离阳台、窗户、楼梯、外墙、填充墙等易发生破坏的部位；在房屋垮塌前应尽量将身体全部躲进相对安全的空间，并尽可能抓牢掩护物，防止身体不受控制的滚动。

②位于厨房、卫生间时，内墙角落相对安全，注意避免被热水器、消毒碗柜等重物砸伤，应迅速关闭燃气阀门，远离明火，防止烧伤、烫伤、腐蚀、触电等。

③位于高层楼梯、楼道时，平台内墙角落相对安全；若刚出家门，也可就近躲回家中的相对安全空间。

④可抓住枕头、被褥等软物保护头部，就势滚落到床或沙发旁边/下方先行躲避，根据情况再行动。

⑤躲避的姿势：首选侧卧，其次下蹲，尽最大可能降低身体高度，尽量蜷曲身体、缩小面积，顺势抓住枕头、坐垫、被褥等软物遮住头部和颈部，额头抵近大腿，护头护颈。

（3）震后，如果被困在废墟中，要尽力保证呼吸空间，若有可能，用毛巾等捂住口鼻，避免灰尘呛闷发生窒息；节省体力，用敲击方法呼救，注意外面动静，伺机呼救；尽量寻找水和食物，创造生存条件，耐心等待救援；如果在室外，应当保持镇静，在空旷地点等待救援。

4. 迅速撤离要领

（1）沉着冷静，及时反应。选择相对安全的逃生通道或方式，不宜贴近楼梯扶手一侧，三层以上不应跳楼。

（2）保持身体平衡，在快速行进中避免摔倒，可用小臂和手护住后脑和后颈，抵挡头顶上方的坠物。

（3）注意通道上方的落物和脚下的砖石、水泥块、钢筋、家具等障碍物，避免砸伤、扭伤、扎伤、划伤、绊倒等。

（4）室内避开悬挂物，室外避开建筑装饰物、玻璃幕墙和围墙，应最快、最短路径远离建筑，不可沿着建筑墙根行进。

（5）防止发生踩踏事件，一旦摔倒应尽快站立起来，无法起身时应侧卧并蜷曲身体，双手护头、双肘护颈，保证胸部有足够的呼吸空间，或者就势滚到较安全的区域。

5. 特殊人群避险要领

（1）高龄人士、肢体不方便人士、婴幼儿、孕产妇、伤患者避险要领包括：

①具备灾害发生时的安全意识，如确保室内的安全，防止家具翻倒、掉落、移动，防止玻璃的飞溅等。

②掌握避难场所和避难方法，如事先通过和家属、邻居的防灾训练进行确认，提前定好向周围求救、确认人员安全与否的方法。

③储备在避难所中的生活、护理等生活所需最低限度的物品，如储备好可携带的应

急物品。

（2）视障、听障等人士避险要领：

①做好盲人通道以及引导设备遭到损坏时的准备，如事先确认多个避难路线，受灾时让家属、周围的人给予引导。

②熟知电视、电话、收音机、网络等无法使用时的信息收集方法，如事先向区域的相关人员请求协助，前来确认自己的情况；灾害时及时告知自己是视障人士，向周围的人听取情况。

③谨记被困在家里时的求助方法，如通过吹响哨子、敲击等通知外面的人。

④了解无法顺利地沟通、传达要求时的对策，如事先创建记录援助内容的援助卡、紧急联络卡等资料，整理好必要的事项。

2.4　农村震后技能学习

1.震后预防安全知识

地震发生后，灾区环境发生巨大改变，饮水、食品供应短缺与污染、生活垃圾、人畜尸体不能得到及时无害化处理，都极易引起各种传染病。因此，受灾地区做好卫生防疫以及疾病的预防和控制工作十分重要。

（1）防震棚要搭在安全的地方。把防震棚搭在空旷、干燥、地势较高的地方；不要搭在高压线下、危楼旁边，也不要妨碍交通安全。

（2）住防震棚要注意安全。安全用火，教育孩子不要玩火；在地上睡觉时要防潮；冬天要严防煤气中毒。

（3）避免在危险区域逗留。不要随意回到危房，余震随时可能发生；尽可能远离废墟，可能发生爆炸、毒气泄漏、水灾、火灾等事故。

（4）注意个人和环境卫生。不要随便喝生水，水可能已被污染；不吃不洁或腐烂变质的食物；不要随地便溺；按要求接种预防针。

2.创伤医疗包扎护理

伤口包扎在震后急救中应用范围较广，可起到保护创面、固定敷料、防止污染和止血、止痛作用，有利于伤口早期愈合。家中应准备常用的包扎材料，掌握包扎前护理常识，学会包扎基本方法和技巧。包扎止血步骤可以扫码获取。

3. 震后伤员安全转运

转运伤者时要根据伤情选择适当的搬运方法和工具，情况不明时，切忌轻举妄动。救助人员要根据伤员伤情的轻重和类型，采取科学、合理的措施搬运伤员，如采用单人挽扶、多人平抬、担架搬运等，在行走时一定要注意保护伤员的头部和伤处，避免伤员受到二次伤害。伤员搬运方法的操作要求可以扫码获取。

3.1 农村地震避险设计前期准备

农村地震避险设计的前期准备重点是自然环境及人文环境信息的获取，调查要尽量覆盖该村庄的全面情况，包括资料查询、村庄实地调查、精准入户问卷调查等。

1. 村庄自然条件

（1）地震地质条件信息。重点信息包括：可通过查阅地震带分布图，查清该地区与地震带之间的关系、该地震区地震活动性情况、该地区地震地质灾害情况等。

（2）抗震设防依据。抗震设防是指房屋进行抗震设计和采用抗震措施，以达到抗震效果。抗震设防烈度可以作为一个地区抗震设防依据。建筑所在地区遭受的地震影响，应采用相应于抗震设防烈度的设计基本地震加速度和特征周期表征。我国主要城镇（县级及县级以上城镇）中心地区的抗震设防烈度、设计采用的基本地震加速度值和所属的地震分组，按住房和城乡建设部发布的国家标准《建筑抗震设计规范》（GB 50011—2010（2016 年版））附录 A 执行。

各地区查询可扫码或登录住房和城乡建设部官网查看。

2. 村庄安全隐患排查

重点调查地质环境情况，历史上发生地震时所引发的各类灾害情况，如洪涝、山体滑坡、泥石流等，重点排查是否存在高压电、油、危险品、易燃品等易引发灾害的点，以及以上灾害是否与地震相关等信息。可以通过村庄灾害隐患情况调查表（表3）统计。

表 3 村庄灾害隐患情况调查表

村名			数据信息及数量		备注
序号	类别	名称			
1	村庄基本信息	坐标			
2		所处地震带			
3		家庭数			
		房屋数			
4		村庄总人口数			
5		重点帮扶人数			
6	近20年受灾情况（次数）	地震			
7		火灾			
8		洪涝			
9		泥石流		是否与地震相关		
10		山体滑坡			
11		冰雹			
12		暴雨			
13		沙尘暴			
14	安全隐患（个数）	水库			
15		水井			
16		沼气池			
17		路灯			
18		河道			
19		花棚			
19		烤烟房			
20		危房			
21		（高压）电线杆			
22		危险品			
23		易燃品			
24	其他	说明1			
		说明2			
调查人			调查日期		年　月　日

3. 地震应急避难场所疏散路线图

为应对地震等突发事件，农村应规划、建设具有应急避难生活服务设施，可供居民紧急疏散、临时生活的安全场所，即地震应急避难场所。重点根据村庄及周边的房屋、建筑、河流等的方位，统计空旷场地、道路、危险点的分布情况，参考中国地震局提出的《地震应急避难场所运行管理指南》（GB/T 33744—2017）设计地震应急避难场所的疏散路线。

该指南具体内容可扫码或登录国家标准化管理委员会官网查询。

3.2 村庄现状统计摸排

1. 村庄房屋情况

重点是房屋类型及房屋结构、单体房屋布局、房屋抗震性能、房屋质量等。其中，房屋类型包括：一般土坯房、土木结构、砖木结构、砖石结构，一层、二层或者多层等。单体房屋布局重点是指每户的房屋布局，如堂屋、卧室、厨房、卫生间、通道、楼层等的布局。要绘制出村庄房屋分布图及单体房屋布局图，分析房屋质量、结构缺陷等。

以图1所示村民家庭为例，该家庭逃生应注意避开钢架大棚，减少被门头处脱落的物体砸伤的可能；及时清除门口啤酒瓶罐，以防滚落阻挡逃生通道；前往安全区域道路上，注意避开窨井，以防坠入；等等。

（a）

（b）

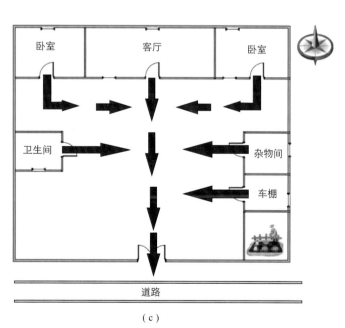

（c）

图1 单体房屋实物图和布局图

（a）、（b）实物图；（c）布局图

2. 村庄道路情况

重点绘制村庄各类道路分布图，图中包括道路、所有建筑物、河流、农田等。村庄主干道如图 2 所示。

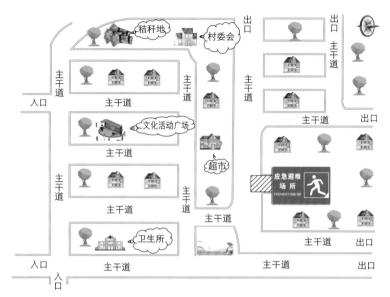

图 2　村庄主干道分布图

3. 村民家庭人员情况

家庭人员情况包括家庭人数、关系、年龄、身体状况、常住人口等基本情况。如图 3 所示，该户共 7 口人，户主与配偶 45 岁左右，身体良好；家中有 2 位老人，均近 70 岁，身体良好；1 子已成年，1 子未成年；户主另有 1 个 41 岁的弟弟共同居住，户主弟弟行动不便。

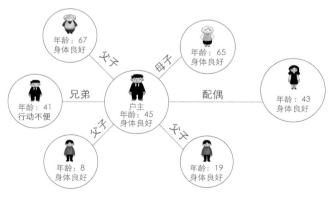

图 3　家庭关系简图

4. 村庄公共服务情况

公共服务情况重点包括村内医务室、超市（小卖部）等。如医务室位置、面积、医务人员、药品、包扎用品，日常能承担的工作等。小卖部的位置、物品种类、食品数量、生活用品、水的数量、避寒品、防虫品等，以及所属权和法人等信息。

5. 村庄生产经营情况

重点是与灾害发生时产生关联的生产经营，如养殖、耕田、畜牧、村办企业等的规模、人员、面积、数量、位置，居家生产内容与人员等。

3.3　农村入户问卷调研和科普讲解

问卷调研主要是了解村民对地震的认识程度、获取防震减灾知识的途径、学习防震减灾科普知识的态度、当地受灾情况、当地防震减灾科普知识宣传情况，并获取村民对处理险情的意见和建议。

1. 因地制宜，设计问卷内容

问卷设计要做到"五需三避免"。即问卷设计需紧紧围绕抗震减灾主题与目的，需考虑题目易理解性、问卷统计分析便捷性、被调查者的特点、各问题排列顺序；避免包含问卷设计者的主观判断和偏见，避免问卷前后重复和矛盾，避免使用模糊不清的词语或双重否定的表述。有效性、简洁性、人性化、科学性的问卷设计，能够更准确地获取村民的情况，便于有针对性地开展科普工作。

2. 分析评估村庄防震抗震能力实例

根据调查问卷，首先要筛选出完整、准确、可靠的有效信息，再对数据进行统计分析。分析评估包括数据显示结果、结果显示结论、产生结果原因、下一步重点工作等。

统计分析要做到"三宜三忌"，即一宜实事求是，忌弄虚作假，不能夸大或掩盖事实，数据要充分、可靠，分析要有理有据，用统计数据说话；二宜深入实际，忌纸上谈兵，对于发现的新问题、新情况，要深入实际调查后提出合理措施，做到"有的放矢"接地气，不可"夸夸其谈"不着边；三宜重点突出，忌面面俱到，通过一次调查统计分析，要筛选出主导的东西，抓住和解决好主要矛盾，提出有建设性的、可行的、操作性强的措施。

例如:您平时是通过什么方式了解防震知识的?[多选题]①

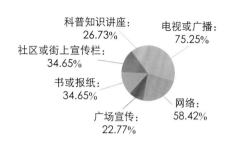

科普知识讲座:26.73%
社区或街上宣传栏 34.65%
书或报纸 34.65%
广场宣传 22.77%
电视或广播:75.25%
网络:58.42%

分析 从以上的调查可以得知,电视或者广播是村民了解防震知识的主要途径,科普知识讲座相对薄弱。掌握了村民获取防震减灾知识的主要渠道,既要充分利用"电视或广播"等平台开展科普宣传,又要结合村民生活习惯发挥"广场""宣传栏"等优势拓宽科普路径。

3. 农村入户科普讲解

(1)讲清目的意义。在进行科普知识宣讲时要给村民讲清活动的目的和意义,避免引起恐慌。

(2)问卷设计科学。问卷题目设计要合理,内容要恰当、符合当地实际,注重找科普盲点、弱项。例如,当地震来临时能否从电梯逃生?这一类问题对于没有电梯的农村来说没有实际意义。

(3)选择时机适宜。科普入户时,需争取当地方村民随行帮忙,需避开农忙,针对每户家庭隐患,通过科普讲解,指导村民规避风险。

(4)细化预案准备。在做疏散演练方案时,要做好突发事件的应急预案,如道路拥挤、摔倒、踩踏等情况如何处理,提高快速处理突发事件的能力。

(5)资料总结留存。科普项目各个环节要留下影像资料,作为后续复盘、总结、修改设计方案的重要参考。

① 书中的调查问卷所获得的数据均为近似值。示例处的有效调查问卷数为624份。

第 4 章
农村防震减灾操作实例
（以京津冀地区为例）

4.1 村民防震减灾问卷调研设计与实例分析

　　调查问卷面向京津冀地区农村居民，共发放 670 份，回收 656 份，有效问卷数量为 624 份。具体调研数据如下。

1. 您的年龄？［单选题］

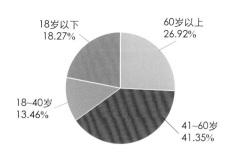

　　分析 从调研统计数据显示，此次统计样本各年龄段都有分布，其中以 41~60 岁以及 60 岁以上的中老年人占比较多，主要原因是调研期间为工作日，村里学生上学或青壮年多外出工作。在入户调查时普及防震减灾知识，有助于让老年人等弱势群体在灾害来临时候提升保全生命、迅速自救、减少损失的能力。

2. 您对地震的感觉？［单选题］

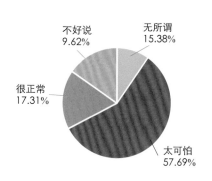

　　分析 调研统计数据显示，在精准入户科普过程中，要重点讲解地震的后果，让村民了解地震的危害。

3. 如果听到"某日某地将发生几级地震"的消息,您的第一反应是？［单选题］

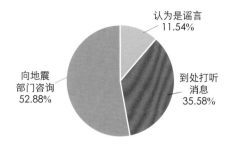

分析 调研统计数据显示，在精准入户科普过程中，要给村民讲解地震预报和地震预警相关知识，并强调不造谣、不传谣、不信谣。

4. 您所居住的房屋或院落在建造时考虑过地震问题吗？［单选题］

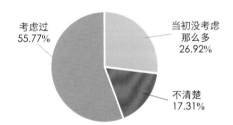

分析 调研统计数据显示，在精准入户科普过程中，要给村民讲解建筑物的防震抗震知识，并强调杜绝麻痹大意思想，应重视地震的危害。

5. 您知道附近哪里有地震应急避险场所吗？［单选题］

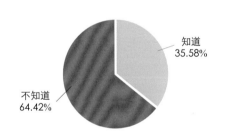

分析 调研统计数据显示，在精准入户科普过程中，要给村民讲解当灾害来临时候应该往什么地方疏散，避免因没有及时疏散而导致损失和伤亡。

6. 您平时是通过什么方式了解防震知识的？［多选题］

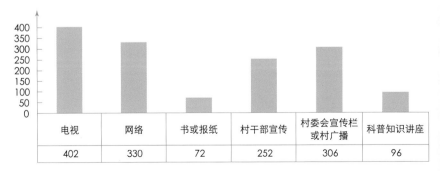

电视	网络	书或报纸	村干部宣传	村委会宣传栏或村广播	科普知识讲座
402	330	72	252	306	96

分析 调研统计数据显示，在精准入户科普过程中，要多给村民以图文并茂或是视频的形式讲解防震减灾知识。

7. 使用哪些宣传方法,能使您愿意了解防震减灾的相关知识,并能达到较好的效果?[多选题]

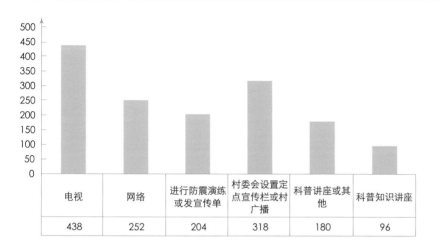

电视	网络	进行防震演练或发宣传单	村委会设置定点宣传栏或村广播	科普讲座或其他	科普知识讲座
438	252	204	318	180	96

分析 调研统计数据显示,在精准入户科普过程中,可以通过小视频、漫画等村民喜闻乐见的形式进行宣传,这样能够达到更好的宣传效果。

8. 您希望获取哪些自然灾害的科普知识?[多选题]

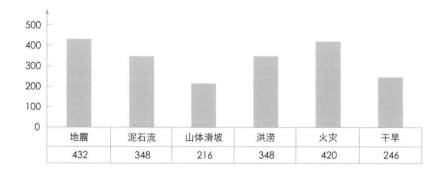

地震	泥石流	山体滑坡	洪涝	火灾	干旱
432	348	216	348	420	246

分析 调研统计数据显示,在精准入户科普过程中,可以多讲解一些地震和火灾的知识。

9. 您希望了解防震减灾中哪方面的信息和知识?[多选题]

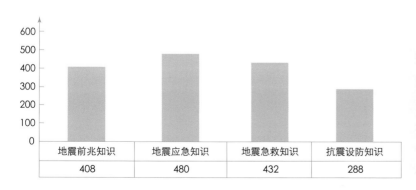

地震前兆知识	地震应急知识	地震急救知识	抗震设防知识
408	480	432	288

分析 调研统计数据显示,在精准入户科普过程中,为村民讲解一些地震预警和建筑抗震设防的知识,有利于提升村民全面的防震减灾能力。

10. 您觉得地震发生后,下面哪些地方是适合室内避震的空间?[**多选题**]

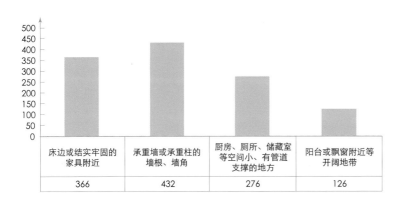

床边或结实牢固的家具附近	承重墙或承重柱的墙根、墙角	厨房、厕所、储藏室等空间小、有管道支撑的地方	阳台或飘窗附近等开阔地带
366	432	276	126

> **分析** 调研统计数据显示,在精准入户科普过程中,应实地多讲解一些家庭避震有效区域,来帮助村民在危险来临时保护自身生命安全。

11. 地震逃生的原则是?[**多选题**]

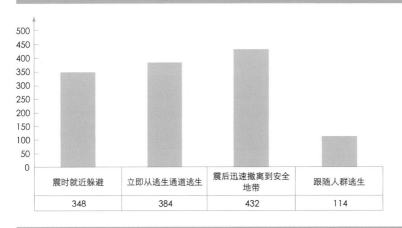

震时就近躲避	立即从逃生通道逃生	震后迅速撤离到安全地带	跟随人群逃生
348	384	432	114

> **分析** 调研统计数据显示,在精准入户科普过程中,应讲解地震避险原则,做到地震逃生措施科学、有针对性。

12. 震后被困在废墟中,您认为应该如何设法逃生?[**多选题**]

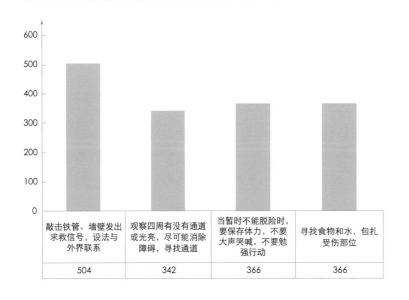

敲击铁管、墙壁发出求救信号,设法与外界联系	观察四周有没有通道或光亮,尽可能消除障碍,寻找通道	当暂时不能脱险时,要保存体力,不要大声哭喊,不要勉强行动	寻找食物和水,包扎受伤部位
504	342	366	366

> **分析** 调研统计数据显示,在精准入户科普过程中,应着重讲解宣传一些针对老人、儿童等弱势群体的求救方法,从而提高家庭整体逃生率。

13. 地震时,身处户外的您怎么做？[多选题]

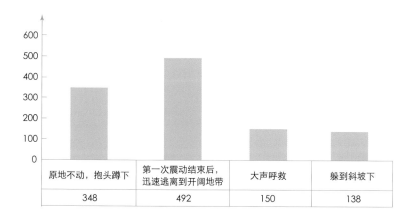

原地不动，抱头蹲下	第一次震动结束后，迅速逃离到开阔地带	大声呼救	躲到斜坡下
348	492	150	138

分析 调研统计数据显示，在精准入户科普过程中，多为村民讲解一些科学的、安全的、合理的户外避险常识，还有灾害带来的危害性，提高村民对于急救意识及知识的重视程度。

14. 您认为提升家庭防震能力应当注意哪些事项？[多选]

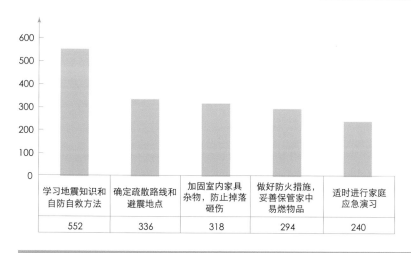

学习地震知识和自防自救方法	确定疏散路线和避震地点	加固室内家具杂物，防止掉落砸伤	做好防火措施，妥善保管家中易燃物品	适时进行家庭应急演习
552	336	318	294	240

分析 调研统计数据显示，在精准入户科普过程中，应多讲解有关家庭方面的防震抗震知识，为村民树立正确、完整的防震减灾意识。

15. 如果让您准备地震应急物品,您会准备哪些物品？[多选]

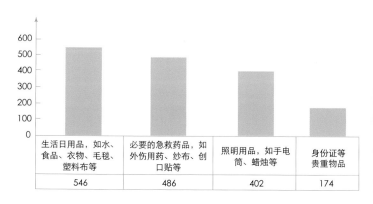

生活日用品，如水、食品、衣物、毛毯、塑料布等	必要的急救药品，如外伤用药、纱布、创口贴等	照明用品，如手电筒、蜡烛等	身份证等贵重物品
546	486	402	174

分析 调研统计数据显示，在精准入户科普过程中，应多为村民讲解灾害的毁灭性及破坏性，应急物品的功能性、重要性，以提升大家对于自身生命安全的重视，更加理性地应对地震，进而在面对地震时可以快速高效地逃生，首要保证自身生命安全。

16. 如果有机会,您是否愿意花费时间去学习地震应急自救与互救知识? [单选]

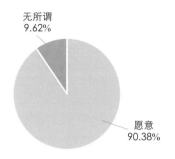

无所谓
9.62%

愿意
90.38%

分析 调研统计数据显示,在精准入户科普过程中,应多讲解应急自救及互助相关知识。

4.2 农村精准入户地震避险设计与实例分析

在入户调查中,遴选了京津冀地区三个有代表性的乡镇,分别是北京市通州区宋庄镇、天津市蓟州区尤古庄镇和河北省三河市杨庄镇。其中,每个乡镇精准进村入户,挑选调查 20 个样本,根据每户实际庭院结构,对应画出疏散路线图并提供避震逃生注意事项,供类似情况参考。

实例 1 北京市通州区宋庄镇农村家庭样本

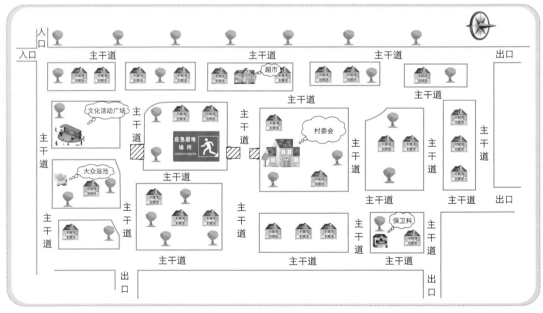

样本村平面示意图

1. 第一户

家庭成员基本情况如下图所示。

该户的房屋为砖混结构，根据实际情况绘制家庭逃生路线平面图，如下图所示，该图清晰地指明了地震来临时的基本应急逃生路径。

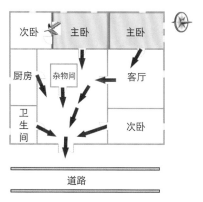

家庭的主干道逃生路线为：房间→道路→应急避难场所。该户门口有车棚，一旦发生地震，车棚易坍塌，容易造成人员伤亡，如右图所示。该户为两老人居住，风险较大。

2. 第二户

家庭成员基本情况如下图所示。

该户的房屋为砖混结构，根据实际情况绘制家庭逃生路线平面图，如下图所示，该图清晰地指明了地震来临时的基本应急逃生路径。

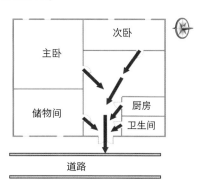

 逃生注意事项

家庭的主干道逃生路线为：房间→道路→应急避难场所。该户距离应急避难场所较近，第一时间选择撤离至应急避难场所，但要注意避开房顶钢架棚和玻璃窗户，如右图所示。

▶▶▶ **3. 第三户**

家庭成员基本情况如下图所示。

该户的房屋为砖混结构，根据实际情况绘制家庭逃生路线平面图，如下图所示，该图清晰地指明了地震来临时的基本应急逃生路径。

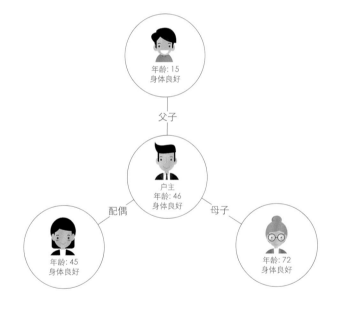

 逃生注意事项

家庭的主干道逃生路线为：房间→道路→应急避难场所。该户距离应急避难场所较近，第一时间选择撤离至应急避难场所，但要注意避开庭院中的晾衣架及杂物，如右图所示。

---

4. 第四户

家庭成员基本情况如下图所示。

该户的房屋为砖混结构，根据实际情况绘制家庭逃生路线平面图，如下图所示，该图清晰地指明了地震来临时的基本应急逃生路径。

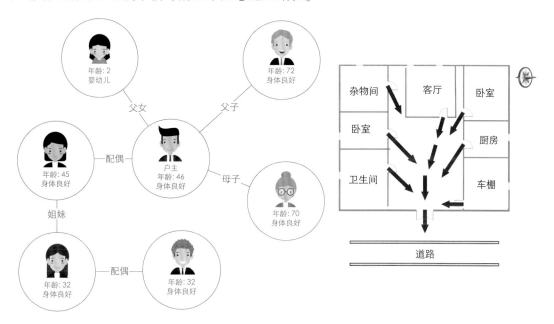

 逃 生 注 意 事 项

家庭的主干道逃生路线为：房间→道路→应急避难场所。紧急避险要注意婴儿及老人，避开家庭门口电线杆及泥泞易滑倒的积水路段，如右图所示。

- -

5. 第五户

家庭成员基本情况如下图所示。

该户的房屋为砖混结构，根据实际情况绘制家庭逃生路线平面图，如下图所示，该图清晰地指明了地震来临时的基本应急逃生路径。

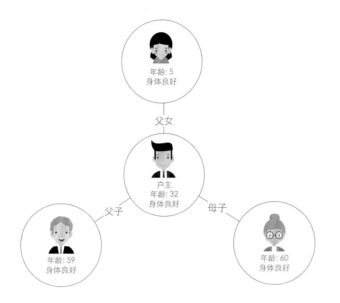

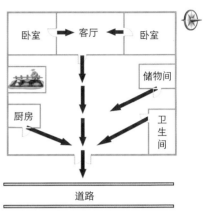

家庭的主干道逃生路线为：房间→道路→应急避难场所。要注意避开家门口窨井，如右图所示。

▶▶▶ **6. 第六户**

家庭成员基本情况如下图所示。

该户的房屋为砖混结构，根据实际情况绘制家庭逃生路线平面图，如下图所示，该图清晰地指明了地震来临时的基本应急逃生路径。

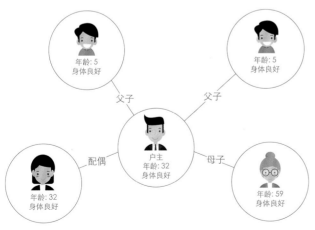

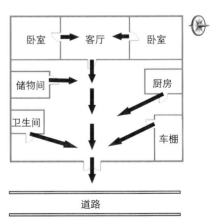

逃生注意事项

　　家庭的主干道逃生路线为：房间→道路→应急避难场所。该户家庭有两个双胞胎小孩，地震时可先在院中空地就地避险，之后前往避难场所，但要注意避开房顶钢架棚，如右图所示。

▶▶▶▶ **7. 第七户**

　　家庭成员基本情况如下图所示。

　　该户的房屋为砖混结构，根据实际情况绘制家庭逃生路线平面图，如下图所示，该图清晰地指明了地震来临时的基本应急逃生路径。

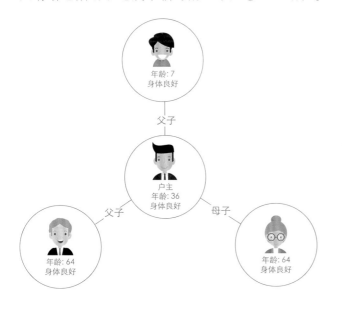

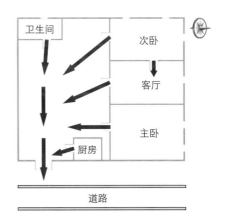

逃生注意事项

　　家庭的主干道逃生路线为：房间→道路→应急避难场所。该户距离应急避难场所较近，第一时间选择撤离至应急避难场所。要注意避开门口多组合钢架，如右图所示。

8. 第八户

家庭成员基本情况如下图所示。

该户的房屋为砖混结构，根据实际情况绘制家庭逃生路线平面图，如下图所示，该图清晰地指明了地震来临时的基本应急逃生路径。

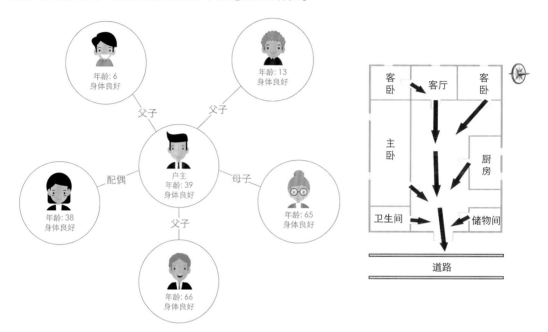

逃 生 注 意 事 项

家庭的主干道逃生路线为：房间→道路→应急避难场所。要注意避开门口杂物。另外，玻璃门窗易破碎，增大人员伤亡风险，如右图所示。

9. 第九户

家庭成员基本情况如下图所示。

该户的房屋为砖木结构，根据实际情况绘制家庭逃生路线平面图，如右图所示，该图清晰地指明了地震来临时的基本应急逃生路径。

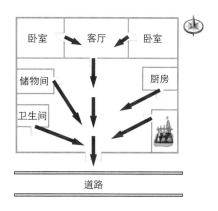

逃 生 注 意 事 项

家庭的主干道逃生路线为：房间→道路→应急避难场所。该户有高龄行动不便的老者，面对突发事件时，应急撤离风险大，在地震来临时，要就地避险，尽快转移至院内空地，待震后及时协助前往应急避难场所。

▶▶▶ **10. 第十户**

家庭成员基本情况如下图所示。

该户的房屋为砖混结构，根据实际情况绘制家庭逃生路线平面图，如下图所示，该图清晰地指明了地震来临时的基本应急逃生路径。

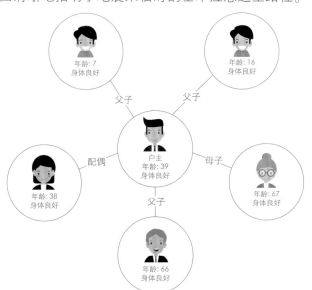

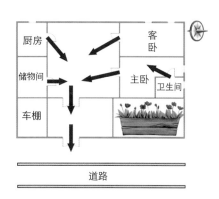

逃 生 注 意 事 项

家庭的主干道逃生路线为：房间→道路→应急避难场所。该户逃亡通道狭窄，且该户家庭人员居多，应急避难时应注意老幼优先，如右图所示。

11. 第十一户

家庭成员基本关系如下图所示。

该户的房屋为砖混结构，该房屋东北向卧室墙体倾斜，用柱子临时支撑。根据实际情况绘制家庭逃生路线平面图，如下图所示，该图清晰地指明了地震来临时的基本应急逃生路径。

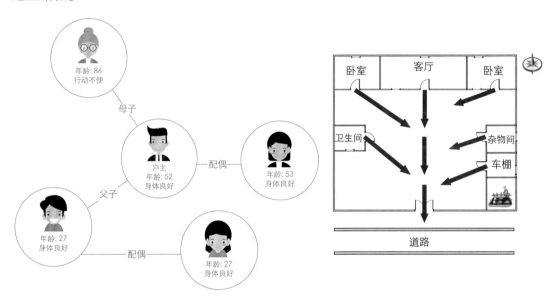

 逃 生 注 意 事 项

家庭的主干道逃生路线为：房间→道路→应急避难场所。东北向卧室墙体倾斜，存在严重隐患。家中行动不便的老人应由当时距离较近的家庭成员帮助进行就地避险，尽快转移至院内空地，震后及时协助前往应急避难场所。

12. 第十二户

家庭成员基本关系如下页图所示。

该户的房屋为砖混结构，根据实际情况绘制家庭逃生路线平面图，如下页图所示，该图清晰地指明了地震来临时的基本应急逃生路径。

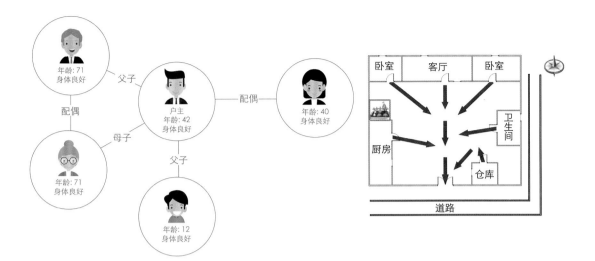

逃生注意事项

　　家庭的主干道逃生路线为：房间→道路→主干道→应急避难场所。撤离时要注意躲避院门口门顶的砖石，如右图所示。

▶▶▶ **13. 第十三户**

　　家庭成员基本关系如下图所示。

　　该户的房屋为砖混结构，根据实际情况绘制家庭逃生路线平面图，如下图所示，该图清晰地指明了地震来临时的基本应急逃生路径。

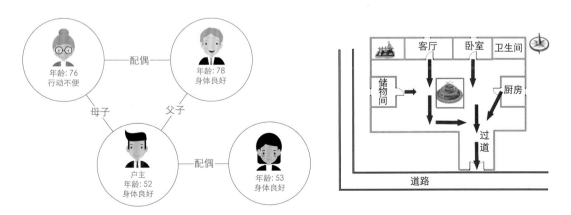

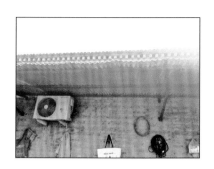

逃生注意事项

家庭的主干道逃生路线为：房间→道路→主干道→应急避难场所。该户有行动不便的老人，其应由当时距离较近的家庭成员帮助进行就地避险，震后及时带着老人撤离至应急避难场所，撤离时注意外加棚顶坍塌，如右图所示。

14. 第十四户

家庭成员基本关系如下图所示。

该户的房屋为砖混结构，根据实际情况绘制家庭逃生路线平面图，如下图所示，该图清晰地指明了地震来临时的基本应急逃生路径。

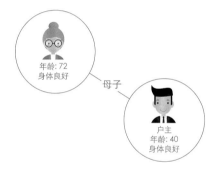

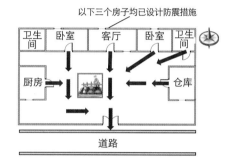

逃生注意事项

家庭的主干道逃生路线为：房间→道路→应急避难场所。该户的客厅和卧室设计了防震措施，能抵御一定震级地震，逃生途中要注意门口杂物，如右图所示。

15. 第十五户

家庭成员基本关系如下页图所示。

该户的房屋为砖混结构，根据实际情况绘制家庭逃生路线平面图，如下页图所示，该图清晰地指明了地震来临时的基本应急逃生路径。

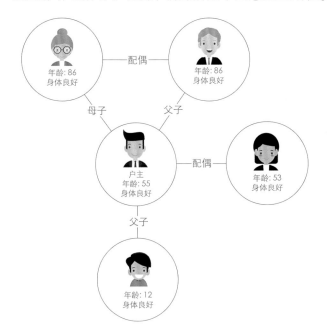

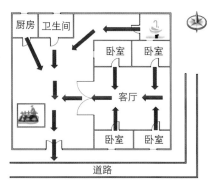

逃 生 注 意 事 项

　　家庭的主干道逃生路线为：房间→道路→应急避难场所，注意撤离途中的杂物，如右图所示。

▶▶▶ **16. 第十六户**

　　家庭成员基本关系如下页图所示。

　　该户的房屋为砖混结构，根据实际情况绘制家庭逃生路线平面图，如下页图所示，该图清晰地指明了地震来临时的基本应急逃生路径。

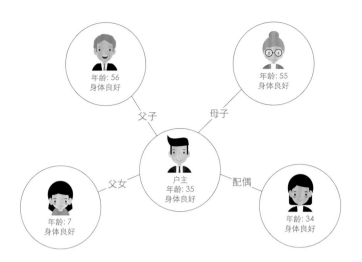

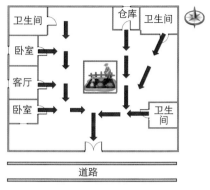

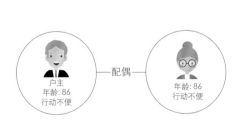

家庭的主干道逃生路线为：房间→道路→应急避难场所。该户的院内有临时搭建的铁架棚，棚内有堆积的生活用品，地震突发时，应注意躲避铁架棚，如右图所示。

▶▶▶ 17. 第十七户

家庭成员基本情况如下图所示。

该户的房屋为砖混结构，根据实际情况绘制家庭逃生路线平面图，如下图所示，该图清晰地指明了地震来临时的基本应急逃生路径。

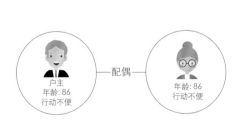

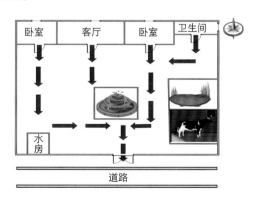

逃生注意事项

家庭的主干道逃生路线为：房间→道路→应急避难场所。家中均为行动不便的老人，应先就地避险，等待救援。待第一次地震结束后，撤离至应急避难场所，该房屋房龄较大，进行过二次翻修，为木质门，遇到地震，易发生危险，如右图所示。

▶▶▶ **18. 第十八户**

家庭成员基本情况如下图所示。

该户的房屋为砖混结构，根据实际情况绘制家庭逃生路线平面图，如下图所示，该图清晰地指明了地震来临时的基本应急逃生路径。

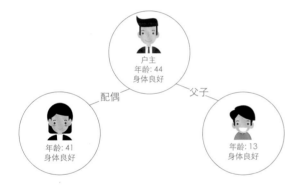

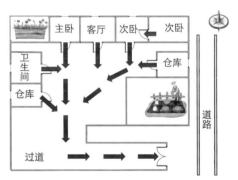

逃生注意事项

家庭的主干道逃生路线为：房间→道路→应急避难场所。要注意避让屋顶瓦片，如右图所示。

19. 第十九户

家庭成员基本情况如下图所示。

该户的房屋为砖混结构，根据实际情况绘制家庭逃生路线平面图，如下图所示，该图清晰地指明了地震来临时的基本应急逃生路径。

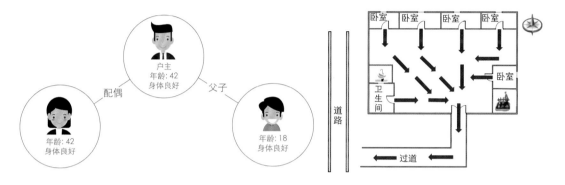

逃 生 注 意 事 项

　　家庭的主干道逃生路线为：房间→过道→道路→应急避难场所。该户房屋窗户出现了变形，若发生了地震，窗户震动，易发生破碎等问题，造成危险，如右图所示。

- -

20. 第二十户

家庭成员基本情况如下页图所示。

该户的房屋为砖混结构，根据实际情况绘制家庭逃生路线平面图，如下页图所示，该图清晰地指明了地震来临时的基本应急逃生路径。

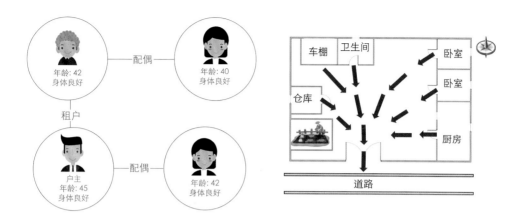

逃 生 注 意 事 项

　　家庭的主干道逃生路线为：房间→道路→应急避难场所。该户自建室外厕所，极容易倒塌，阻碍人员逃生，如右图所示。

实例2　天津市蓟州区尤古庄镇农村家庭样本

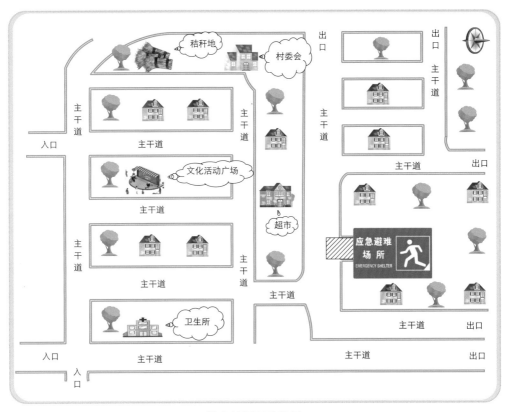

样本村平面示意图

▶▶▶ 1. 第一户

家庭成员基本情况如下图所示。

该户的房屋为砖混结构，根据实际情况绘制家庭逃生路线平面图，如下图所示，该图清晰地指明了地震来临时的基本应急逃生路径。

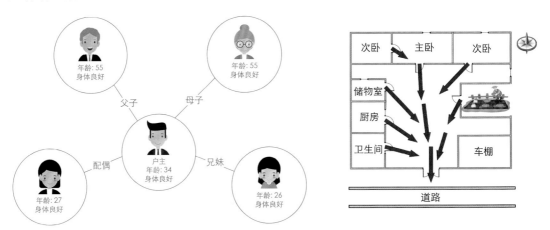

逃生注意事项

家庭的主干道逃生路线为：房间→道路→应急避难场所。该户车棚为临时搭建建筑，其结构不稳定，地震来临时易坍塌，逃离过程中注意避开车棚，如右图所示。

▶▶▶ 2. 第二户

家庭成员基本情况如下图所示。

该户的房屋为砖混结构，根据实际情况绘制家庭逃生路线平面图，如下图所示，该图清晰地指明了地震来临时的基本应急逃生路径。

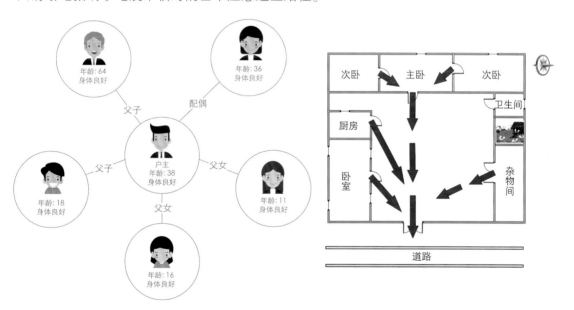

逃生注意事项

家庭的主干道逃生路线为：房间→道路→应急避难场所。应急撤离时要注意避开杂物间，如右图所示。

---

3. 第三户

家庭成员基本情况如下图所示。

该户的房屋为砖混结构，根据实际情况绘制家庭逃生路线平面图，如下图所示，该图清晰地指明了地震来临时的基本应急逃生路径。

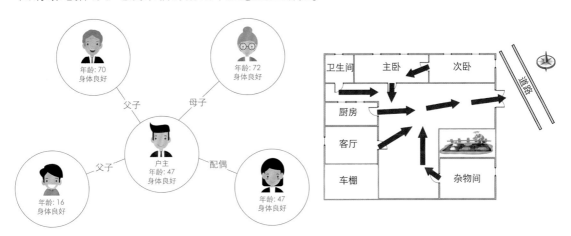

逃 生 注 意 事 项

家庭的主干道逃生路线为：房间→道路→应急避难场所。要注意收集起来的玉米可能因地震而散落，进而导致逃生路线堵塞，如右图所示。

4. 第四户

家庭成员基本情况如下图所示。

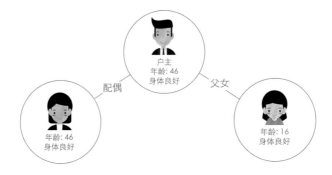

该户家庭房屋砖混结构，根据实际情况绘制家庭逃生路线平面图，如右图所示，该图清晰地指明了地震来临时的基本应急逃生路径。

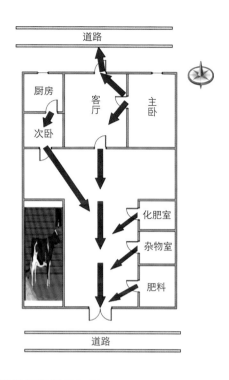

逃生注意事项

家庭的主干道逃生路线为：房间→道路→应急避难场所。该户设了两个南门，视情况选择就近门撤离。应急撤离要注意避开牛棚和门口电线电缆，如下图所示。

▶▶▶ **5. 第五户**

家庭成员基本情况如下图所示。

该户的房屋为砖混结构，根据实际情况绘制家庭逃生路线平面图，如下图所示，该图清晰地指明了地震来临时的基本应急逃生路径。

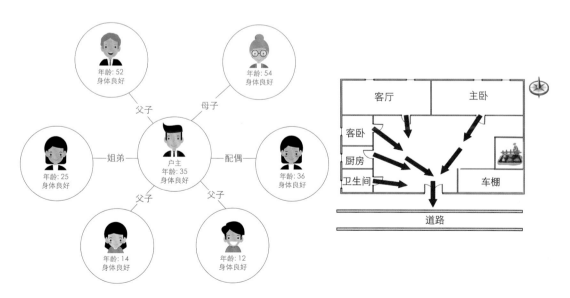

逃生注意事项

家庭的主干道逃生路线为：房间→道路→应急避难场所。该户门口有窨井，存在跌落风险，逃离时应注意避开门口水井，如右图所示。

▶▶▶ 6. 第六户

家庭成员基本情况如下图所示。

该户的房屋为砖混结构，根据实际情况绘制家庭逃生路线平面图，如下图所示，该图清晰地指明了地震来临时的基本应急逃生路径。

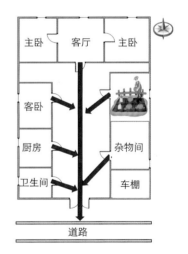

逃生注意事项

家庭的主干道逃生路线为：房间→道路→应急避难场所。要注意避开车棚。该户存在行动不便的人员，地震时应就地避险，震后及时转移至应急避难场所，如右图所示。

---

7. 第七户

家庭成员基本情况如下图所示。

该户的房屋为砖混结构，根据实际情况绘制家庭逃生路线平面图，如下图所示，该图清晰地指明了地震来临时的基本应急逃生路径。

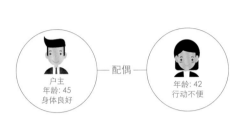

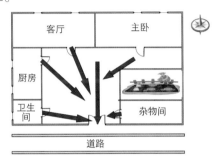

家庭的主干道逃生路线为：房间→道路→应急避难场所。该户距离应急避难场所较远，第一时间应选择撤离至院内空旷位置，注意远离车棚杂物间。该户存在行动不便人员，地震来临时，应当就地躲避，震后及时转移至应急避难场所，如右图所示。

8. 第八户

家庭成员基本情况如下图所示。

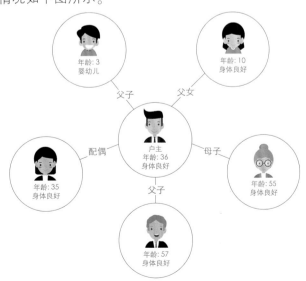

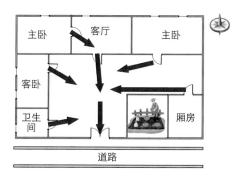

该户的房屋为砖混结构，根据实际情况绘制家庭逃生路线平面图，如右图所示，该图清晰地指明了地震来临时的基本应急逃生路径。

逃生注意事项

家庭的主干道逃生路线为：房间→道路→应急避难场所。在逃离过程中应注意保护婴幼儿，另外需注意门口电缆，如右图所示。

▶▶▶ 9. 第九户

家庭成员基本情况如下图所示。

该户的房屋为砖混结构，根据实际情况绘制家庭逃生路线平面图，如下图所示，该图清晰地指明了地震来临时的基本应急逃生路径。

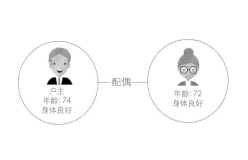

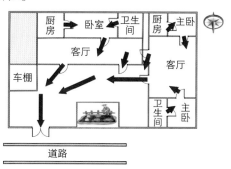

逃生注意事项

家庭的主干道逃生路线为：房间→道路→应急避难场所。两位老人年纪较大，逃离本身就存在风险，且屋顶有热水器和电线，地震来临时热水器易倒塌，电线易造成额外风险，如右图所示。

10. 第十户

家庭成员基本情况如下图所示。

该户的房屋为砖混结构，根据实际情况绘制家庭逃生路线平面图，如下图所示，该图清晰地指明了地震来临时的基本应急逃生路径。

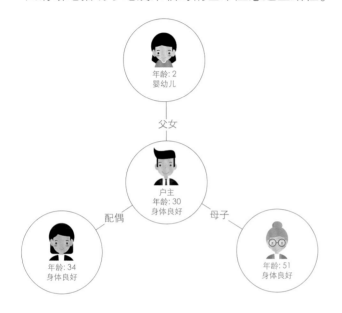

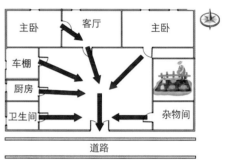

逃生注意事项

家庭的主干道逃生路线为：房间→道路→应急避难场所。门口主干道有水坑，夏季积水时需注意避让，另外需注意保护婴幼儿，如右图所示。

11. 第十一户

家庭成员基本情况如下图所示。

该户的房屋为砖混结构，根据实际情况绘制家庭逃生路线平面图，如下页图所示，该图清晰地指明了地震来临时的基本应急逃生路径。

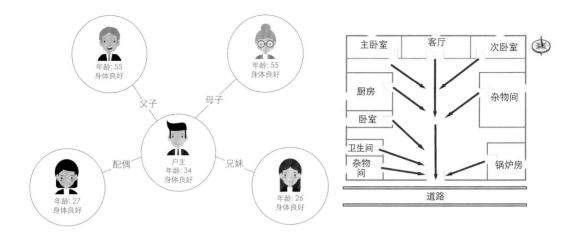

逃生注意事项

　　家庭的主干道逃生路线为：房间→道路→应急避难场所。该户的杂物间为临时搭建建筑，地震时易坍塌堵住逃生路线，进而造成人员伤亡，如右图所示。

▶▶▶ **12. 第十二户**

　　家庭成员基本情况如下图所示。

　　该户的房屋为砖混结构，根据实际情况绘制家庭逃生路线平面图，如下图所示，该图清晰地指明了地震来临时的基本应急逃生路径。

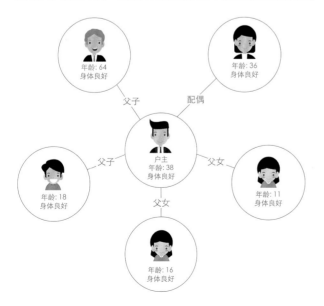

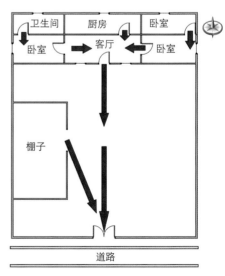

　　家庭的主干道逃生路线为：房间→道路→应急避难场所。家庭自建的车棚由焊接钢筋制成，若发生地震，容易发生倒塌，阻挡逃生路线，进而可能会有人员伤害的风险，如右图所示。

▶▶▶ **13. 第十三户**

　　家庭成员基本情况如下图所示。

　　该户的房屋为砖混结构，根据实际情况绘制家庭逃生路线平面图，如下图所示，该图清晰地指明地震来临时的基本应急逃生路径。

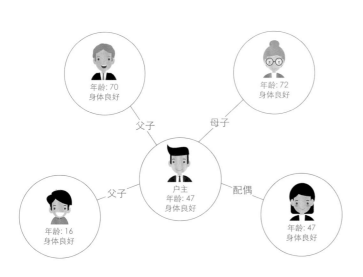

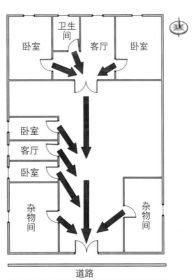

　　家庭的主干道逃生路线为：房间→道路→应急避难场所。要注意避开杂物间，房屋门窗为玻璃结构，如果地震发生，则易因玻璃破碎而造成人员伤亡，如右图所示。

14. 第十四户

家庭成员基本情况如下图所示。

该户的房屋为砖混结构，根据实际情况绘制家庭逃生路线平面图，如下图所示，该图清晰地指明了地震来临时的基本应急逃生路径。

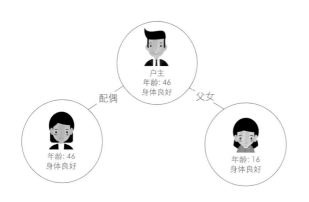

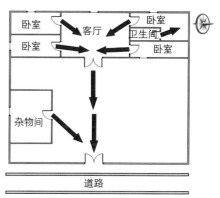

逃 生 注 意 事 项

家庭的主干道逃生路线为：房间→道路→应急避难场所。要注意避开杂物堆积较多的杂物间，如果地震发生则易造成杂物坍塌，逃生路线受堵；另外，要注意逃生道路上的窨井，如右图所示。

- -

15. 第十五户

家庭成员基本情况如下图所示。

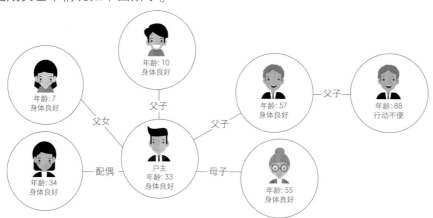

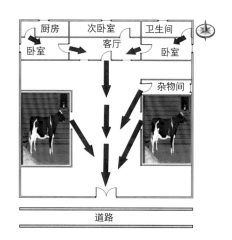

该户的房屋为砖混结构，根据实际情况绘制家庭逃生路线平面图，如右图所示，该图清晰地指明了地震来临时的基本应急逃生路径。

逃 生 注 意 事 项

家庭的主干道逃生路线为：房间→道路→应急避难场所。该户存在简易铁皮组装屋，其结构不牢固，且组装屋上安装太阳能，一旦遇到紧急事故，坍塌可能性极大。家中行动不便的老人应由当时距离最近的家庭成员帮助进行就地避险，震后尽快撤离至应急避难场所，如右图所示。

▶▶▶ 16. 第十六户

家庭成员基本情况如下图所示。

该户的房屋为砖混结构，根据实际情况绘制家庭逃生路线平面图，如下图所示，该图清晰地指明了地震来临时的基本应急逃生路径。

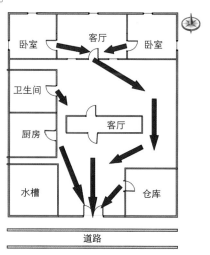

逃生注意事项

家庭的主干道逃生路线为：房间→道路→应急避难场所。该户的两位老人年纪较大，其中一人行动不便，逃生通道狭窄，增大了应急疏散的难度，应选择院内空旷位置就地避险，等待救援至应急避难场所，如右图所示。

 17. 第十七户

家庭成员基本情况如下图所示。

该户的房屋为砖混结构，根据实际情况绘制家庭逃生路线平面图，如下图所示，该图清晰地指明了地震来临时的基本应急逃生路径。

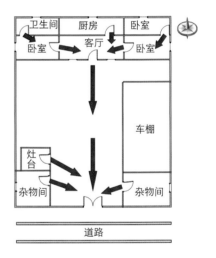

逃生注意事项

家庭的主干道逃生路线为：房间→道路→应急避难场所。要注意避开屋顶钢架和玻璃窗户，避免逃离时因玻璃破碎而受伤，如右图所示。

18. 第十八户

家庭成员基本情况如下图所示。

该户的房屋为砖混结构，根据实际情况绘制家庭逃生路线平面图，如下图所示，该图清晰地指明了地震来临时的基本应急逃生路径。

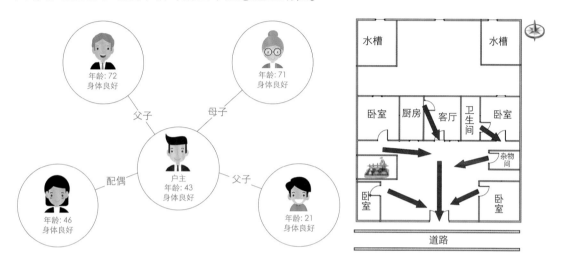

逃 生 注 意 事 项

家庭的主干道逃生路线为：房间→道路→应急避难场所。要注意避开庭院中的杂物堆，避免逃离时因杂物堆倒塌而受伤，如右图所示。

 19. 第十九户

家庭成员基本情况如下页图所示。

该户的房屋为砖混结构，根据实际情况绘制家庭逃生路线平面图，如下页图所示，该图清晰地指明了地震来临时的基本应急逃生路径。

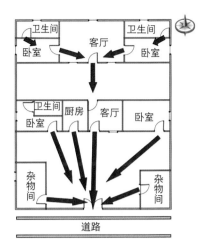

逃生注意事项

　　家庭的主干道逃生路线为：房间→道路→应急避难场所。要注意避开车棚，其倒塌易造成人员伤亡，如右图所示。

▶▶▶▶ **20. 第二十户**

　　家庭成员基本情况如下图所示。

该户的家庭房屋为砖混结构，根据实际情况绘制家庭逃生路线平面图，如右图所示，该图清晰地指明了地震来临时的基本应急逃生路径。

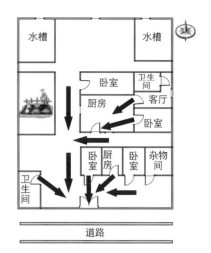

逃 生 注 意 事 项

家庭的主干道逃生路线为：房间→道路→应急避难场所。该户房屋房龄较大，要注意避开玻璃窗，其在地震时易破碎，进而造成人员伤亡，如下图所示。

实例3　河北省三河市杨庄镇农村家庭样本

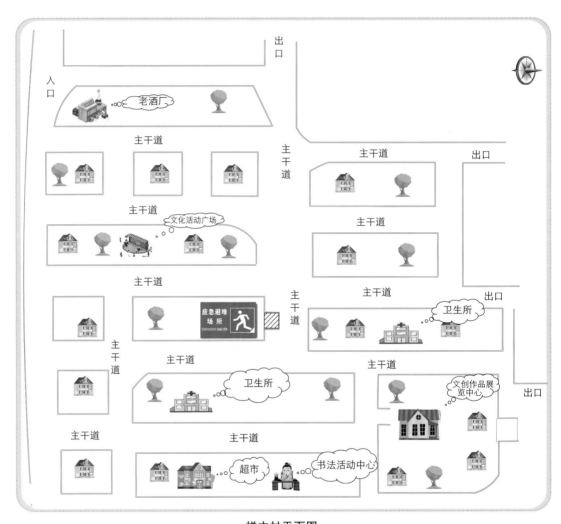

样本村平面图

▶▶▶ 1. 第一户

家庭成员基本情况如下页图所示。

该户的房屋为砖混结构，根据实际情况绘制家庭逃生路线平面图，如下页图所示，该图清晰地指明了地震来临时的基本应急逃生路径。

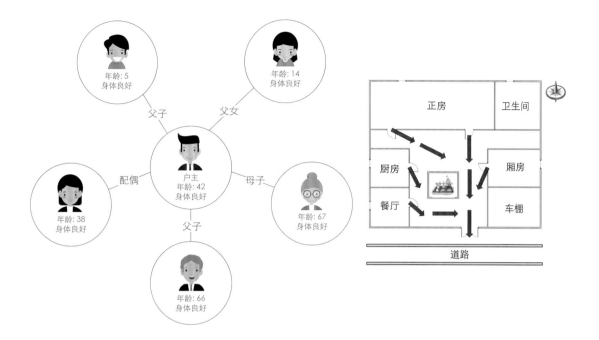

逃生注意事项

家庭的主干道逃生路线为：房间→道路→应急避难场所。该户距离应急避难场所较远，在危险来临时第一时间选择撤离至院子空旷地带，震后及时撤离至应急避难场所，如右图所示。

2. 第二户

家庭成员基本情况如下图所示。

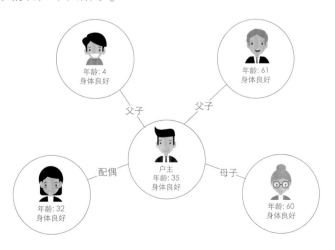

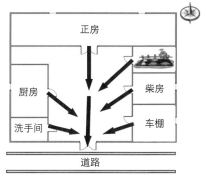

该户的房屋为砖混结构，根据实际情况绘制家庭逃生路线平面图，如右图所示，该图清晰地指明了地震来临时的基本应急逃生路径。

逃生注意事项

家庭的主干道逃生路线为：房间→道路→应急避难场所。该户距离应急避难场所较近，在紧急撤离时需注意避开院内杂物间，如右图所示。

3. 第三户

家庭成员基本情况如下图所示。

该户的房屋为砖混结构，根据实际情况绘制家庭逃生路线平面图，如下图所示，该图清晰地指明了地震来临时的基本应急逃生路径。

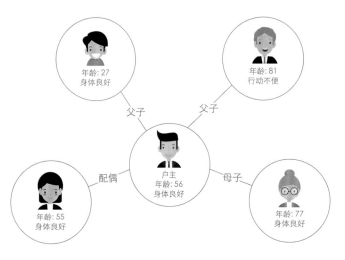

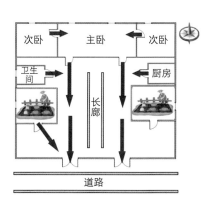

逃生注意事项

　　家庭的主干道逃生路线为：房间→道路→应急避难场所。家中行动不便的老人应由当时距离最近的家庭成员帮助进行就地避险。该户距离应急避难场所较远，地震来临后可以选择在自家院子暂时避险，如右图所示。

▶▶▶ 4. 第四户

　　家庭成员基本情况如下图所示。

　　该户的房屋为砖混结构，根据实际情况绘制家庭逃生路线平面图，如下图所示，该图清晰地指明了地震来临时的基本应急逃生路径。

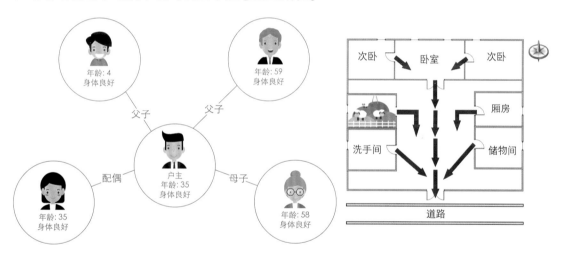

逃生注意事项

　　家庭的主干道逃生路线为：房间→道路→应急避难场所。在紧急撤离时需注意院内杂物，如右图所示。

5. 第五户

家庭成员基本情况如下图所示。

该户的房屋为砖混结构，根据实际情况绘制家庭逃生路线平面图，如下图所示，该图清晰地指明了地震来临时的基本应急逃生路径。

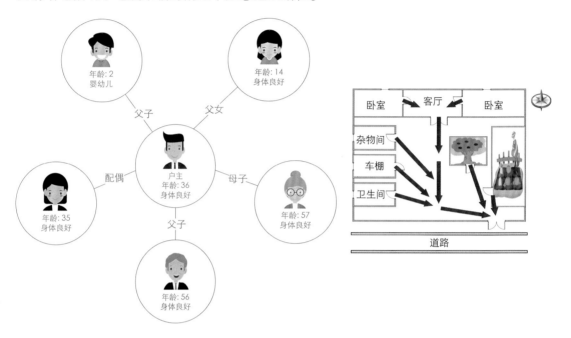

 逃 生 注 意 事 项

　　家庭的主干道逃生路线为：房间→道路→应急避难场所。该户院内的布局过于混乱，在紧急撤离时需注意院内杂物，照顾好两名老人和婴幼儿，如右图所示。

6. 第六户

家庭成员基本情况如下图所示。

该户的房屋为砖混结构，根据实际情况绘制家庭逃生路线平面图，如下图所示，该图清晰地指明了地震来临时的基本应急逃生路径。

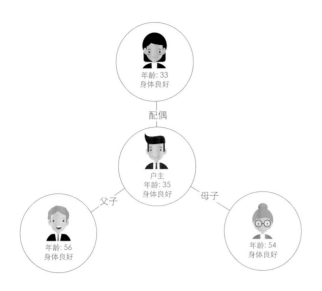

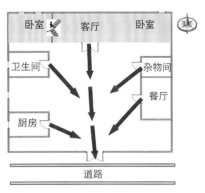

逃 生 注 意 事 项

　　家庭的主干道逃生路线为：房间→道路→应急避难场所。该户距离应急避难场所较近，在紧急撤离时应迅速到达应急避难场所。疏散时，应注意院内上方玻璃封顶的坍塌，如右图所示。

▶▶▶ **7. 第七户**

　　家庭成员基本情况如下图所示。

　　该户的房屋为砖混结构，根据实际情况绘制家庭逃生路线平面图，如下图所示，该图清晰地指明了地震来临时的基本应急逃生路径。

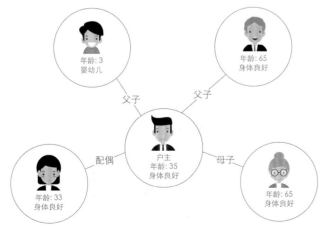

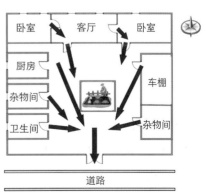

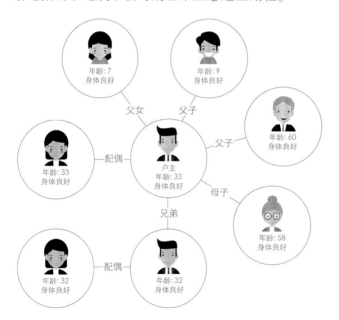

逃生注意事项

家庭的主干道逃生路线为：房间→道路→应急避难场所。该户距离应急避难场所较近，在紧急撤离时可以迅速到达应急避难场所或在自家庭院空旷处就地避险，如右图所示。

▶▶▶ 8. 第八户

家庭成员基本情况如下图所示。

该户的房屋为砖混结构，根据实际情况绘制家庭逃生路线平面图，如下图所示，清晰地指明了地震来临时的基本应急逃生路径。

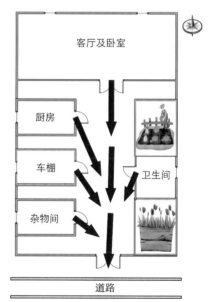

逃生注意事项

家庭的主干道逃生路线为：房间→道路→应急避难场所。家庭成员较多，撤离时注意大门上方板材坍塌。

9. 第九户

家庭成员基本情况如下图所示。

该户的房屋为砖混结构,根据实际情况绘制家庭逃生路线平面图,如下图所示,该图清晰地指明了地震来临时的基本应急逃生路径。

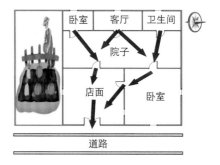

逃生注意事项

家庭主干道逃生路线为:房间→道路→应急避难场所。房屋南侧有一大片菜地,紧急撤离时若原定路线遭遇阻碍,可选择房屋南侧菜地作为临时应急避难场所。

10. 第十户

家庭成员基本情况如下图所示。

该户的房屋为砖混结构,根据实际情况绘制家庭逃生路线平面图,如下图所示,该图清晰地指明了地震来临时的基本应急逃生路径。

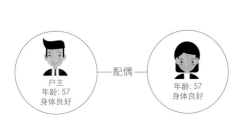

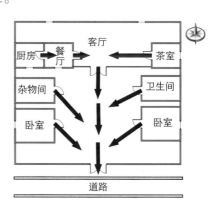

逃生注意事项

　　家庭的主干道逃生路线为：房间→道路→应急避难场所。该户院内杂物居多，在紧急撤离时需要注意迅速规避这些安全隐患到达应急避难场所。若疏散路线被堵，则需要遵循就近躲避原则。

▶▶▶ 11. 第十一户

　　家庭成员基本情况如下图所示。

　　该户的房屋为砖混结构，根据实际情况绘制家庭逃生路线平面图，如下图所示，该图清晰地指明了地震来临时的基本应急逃生路径。

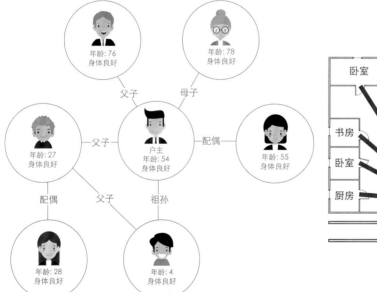

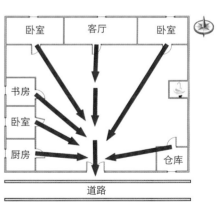

 逃 生 注 意 事 项

　　家庭的主干道逃生路线为：房间→道路→应急避难场所。该户距离应急避难场所较远，家庭人员较多，院内空间较大，适合就地避险，震后及时撤离至应急避难场所。另外，逃生时注意门口的焊制铁架棚倒塌，如右图所示。

▶▶▶ **12. 第十二户**

　　家庭成员基本情况如下图所示。

　　该户的房屋为砖混结构，根据实际情况绘制家庭逃生路线平面图，如下图所示，该图清晰地指明了地震来临时的基本应急逃生路径。

年龄: 58
身体良好

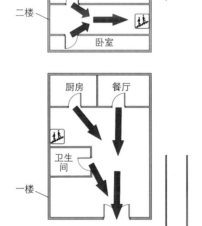

逃 生 注 意 事 项

　　家庭的主干道逃生路线为：二楼→一楼大厅→道路→应急避难场所。房屋为新建建筑，有隔振装置，可就地避险，震后撤离至应急避难场所，如右图所示。

---

13. 第十三户

家庭成员基本情况如下图所示。

该户的房屋为砖混结构，根据实际情况绘制家庭逃生路线平面图，如下图所示，该图清晰地指明了地震来临时的基本应急逃生路径。

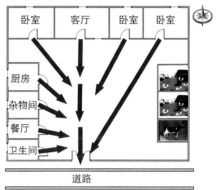

逃生注意事项

家庭的主干道逃生路线为：房间→道路→应急避难场所。该户院内空地较大，适合第一时间就地避难，震后撤离至应急避难场所，但要避免因玻璃门窗破碎而造成二次伤害。

14. 第十四户

家庭成员基本情况如下页图所示。

该户的房屋为砖混结构，根据实际情况绘制家庭逃生路线平面图，如下页图所示，该图清晰地指明了地震来临时的基本应急逃生路径。

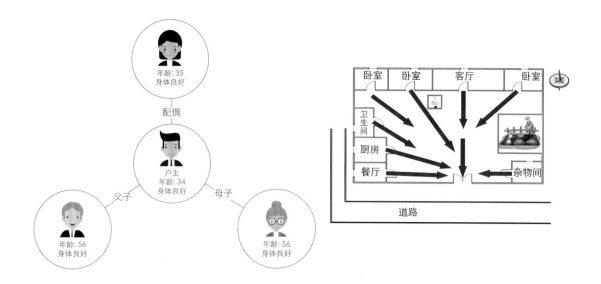

逃生注意事项

　　家庭的主干道逃生路线为：房间→道路→应急避难场所。该户内部庭院空地较大，适合第一时间庭院空地避险，震后撤离至应急避难场所，逃离过程中应注意杂物堆倒塌而堵住逃生路口等，如右图所示。

▶▶▶ 15. 第十五户

　　家庭成员基本情况如下图所示。

　　该户的房屋为砖混结构，根据实际情况绘制家庭逃生路线平面图，如下图所示，该图清晰地指明了地震来临时的基本应急逃生路径。

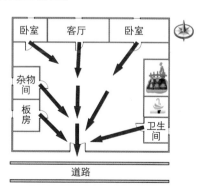

逃生注意事项

家庭的主干道逃生路线为：房间→道路→应急避难场所。需要注意避开杂物间，如右图所示。

▶▶▶ 16. 第十六户

家庭成员基本情况如下图所示。

该户的房屋为砖混结构，根据实际情况绘制家庭逃生路线平面图，如下图所示，该图清晰地指明了地震来临时的基本应急逃生路径。

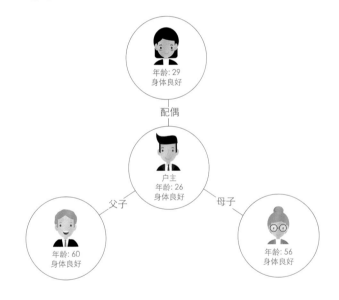

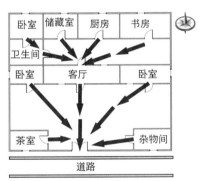

逃生注意事项

家庭的主干道逃生路线为：房间→道路→应急避难场所。撤离时应注意屋顶玻璃，避免因玻璃破碎而造成人员伤亡，如右图所示。

---

17. 第十七户

家庭成员基本情况如下图所示。

该户的房屋为砖混结构，根据实际情况绘制家庭逃生路线平面图，如下图所示，该图清晰地指明了地震来临时的基本应急逃生路径。

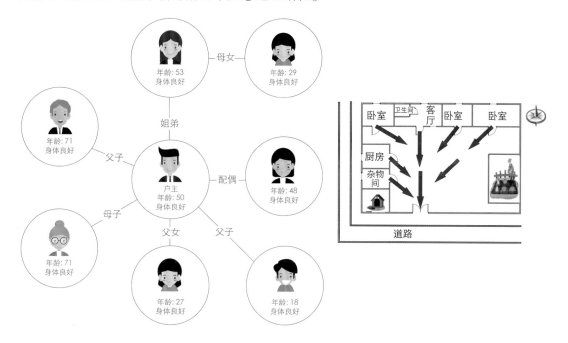

逃 生 注 意 事 项

家庭的主干道逃生路线为：房间→道路→应急避难场所。该户人口较多，房屋部分房梁不结实，地震来临时应注意，避免因倒塌而造成逃生路口被堵，如右图所示。

 18. 第十八户

家庭成员基本情况如下图所示。

该户的房屋为砖混结构，根据实际情况绘制家庭逃生路线平面图，如下图所示，该图清晰地指明了地震来临时的基本应急逃生路径。

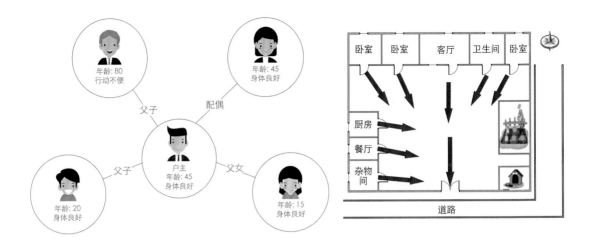

逃生注意事项

　　家庭的主干道逃生路线为：房间→道路→应急避难场所。注意屋顶电线和玻璃门窗，家中行动不便的老人应由当时距离较近的家庭成员帮助进行就地避险，震后撤离至应急避难场所，如右图所示。

▶▶▶ **19. 第十九户**

　　家庭成员基本情况如下图所示。

　　该户的房屋为砖木结构，根据实际情况绘制家庭逃生路线平面图，如下图所示，该图清晰地指明了地震来临时的基本应急逃生路径。

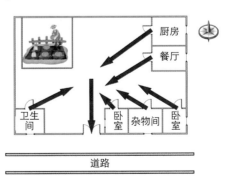

 逃生注意事项

该户屋顶为瓦片结构，危险性高。该户庭院中空地较大，两位行动不便的老人，地震来临时应当就近躲避，等待救援，如右图所示。

▶▶▶ 20. 第二十户

家庭成员基本情况如下图所示。

该户的房屋为砖混结构，根据实际情况绘制家庭逃生路线平面图，如下图所示，该图清晰地指明了地震来临时的基本应急逃生路径。

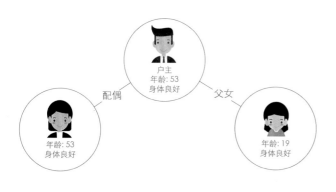

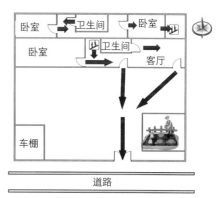

逃生注意事项

家庭的主干道逃生路线为：房间→道路→应急避难场所。前往应急避难场所时，应注意铁皮车棚，以免因其倒塌而造成人员伤亡。

4.3　农村地震应急疏散演练方案

制定一套科学、有效的农村地震应急疏散演练方案非常有必要。参考以下村庄（村里约有460人，化名"示范村"）实例，结合本村人口数量、建筑物结构、道路状况、医疗条件等条件进一步完善，量身打造本村专属的疏散演练方案。

示范村地震应急疏散演练方案

一、演练目的

应急避震，科学应对。通过地震应急疏散演练，使全村村民熟悉地震发生后紧急疏散的程序和线路，确保在地震发生后，全村地震应急工作能快速、高效有序地进行，通过演练活动提高村民突发公共事件下的应急反应能力和自救互救能力，最大限度地保护全村村民的生命安全，特别是减少不必要的非震伤害。

二、演练范围

根据示范村农户住宅分布情况，应急避难场所选址在示范村文化中心广场，该广场位于该村最南边，村周围是空旷的农田。村民居住较散，家庭周边镶嵌农田，东西南北跨度大，演练过程中涉及的相关道路及场所如下图所示。

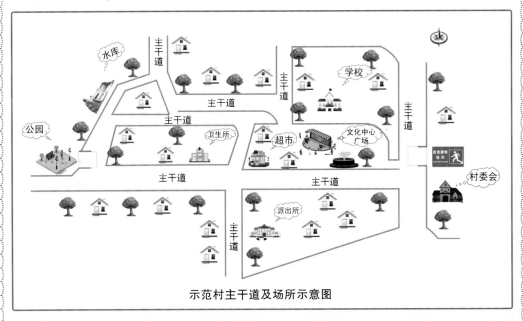

示范村主干道及场所示意图

三、演练安排

1. 演练时间

2023 年 9 月 1 日 12:00—13:00。

2. 演练地点

示范村。

3. 模拟震级

12 时 08 分发生里氏 6.3 级地震。

4. 演练人员

村委干部成员、全体村民、村卫生所医生、志愿者。

5. 演练内容

应急避震、应急疏散。

6. 应急避难场所位置及选址原因

场所位置：示范村文化中心广场。

选址原因：根据示范村实际情况选址。场所地势平坦空旷；水源充足；有公共厕所；整个场所为钢架结构，采用彩钢瓦半封闭式封顶，抗震能力较强，可防御灾害引起的特殊天气状况；避难场所位于村口，地理位置优越；附近不存在安全隐患。

四、演练准备及要求

1. 宣传、动员和培训

（1）制定、发布演练方案，下发演练通知。

（2）对村民进行入户防震减灾和自救互救知识讲解，并为家中有行动不便的老人、家距离应急避难场所较远、家与应急避难场所之间的道路有安全隐患等特殊情况的家庭选定一个家庭紧急疏散场地。通过入户讲解让村民认识到演练的必要性、意义，从心理上接受应急疏散演练，积极参与其中。

（3）发放逃生路线图，让每户清楚路线。

（4）对演练负责人进行培训，强调注意事项。

（5）疏散演练并总结。

2. 安全检查

演练前安全工作负责人对疏散沿途路线、到达的避险区进行实地检查，及时整改存在问题，消除障碍和隐患，确保路线畅通和安全。演练当日所涉及疏散进出的大门在上午 12 点前打开。

五、演练要领

（1）演练指令发出后，演练家庭的户主马上打开大门，同时喊出"地震来了，听指挥"的口号。

（2）科普就近躲避的基本要领，参见本书2.3节内容。

（3）科普迅速撤离的基本要领，参见本书2.3节内容。

（4）收到疏散指令时，对于距离应急避难场所较远的家庭，户主带领家人迅速撤离屋子，到达家庭紧急疏散场地，确定安全后再向地震应急避难场所撤离；对于距离应急避难场所较近的家庭，家庭成员迅速撤离至应急避难场所，户主清点人数；各路口拐角处安全疏导员不得擅自离开岗位，并敦促村民安全疏散，杜绝挤压、踩踏事件的发生。

（5）疏散时快步行走；在撤离途中，如出现拥挤摔倒，后面的村民应立即大声喊"停"，同时停止不动，户主要求家人停下，等险情排除后，再疏散。

（6）疏散过程中，行走在走廊时用双手护住头部，下楼梯时一只手护住头部，另一只手扶楼梯杆或墙壁，到户外，双手护住头部，直到抵达指定地点。

（7）疏散过程中保持安静，以便能清楚地听到疏散控制人员指令。家庭成员在户主带领下有秩序地从家里向家外撤离，并按照预定疏散路线，迅速撤离到安全避险区。

（8）到达相应疏散场地后，户主在避险区帮助现场负责人维持秩序，清点家庭人数并上报给避险区负责人，该避险区负责人汇总人数，填写统计表。

（9）清点家庭和演练村民人数，安抚情绪，保障演练后尽快恢复正常生活秩序。

六、地震避险责任制

1. 村指挥中心

总指挥：村主任。

职责：负责协调各组分工，下达疏散演练开始口令，进行疏散演练总结。

2. 治安组

组长：村委会其他干部。

职责：

（1）协助人员疏散与安置组维护疏散道路和安置地的秩序。

（2）协助人员疏散与安置组对应急疏散通道进行标识，设置明显的疏散路线。

3. 通信宣传组

组长：志愿者或者村民。

副组长：志愿者或者村民。

职责：

（1）负责演练前期对各户家庭成员进行相应的防震减灾科普知识培训。

（2）负责宣传环境的布置，演练前在应急指挥中心和各避险区安置点悬挂条幅等醒目标识。

（3）为应急指挥中心、各工作组准备必要的喊话喇叭，安排广播室做好音响准备工作。

（4）会同技术支持组制作本次疏散演练相关的应急疏散图。

（5）疏散演练中控制广播室疏散口令的播放，同时负责演练摄影录像等记录工作。

4. 技术支持组

组长：志愿者或者村民。

副组长：志愿者或者村民。

成员：志愿者或者村民。

职责：

（1）负责本次疏散演练各项事前准备工作，组织演练方案的制定并督促落实，绘制应急疏散路线图。

（2）对演练前各组的准备工作进行巡视检查，安排人员记录各点位疏散到达避险区安置点的时间，记录问题并提出相关的改进意见。

5. 医疗卫生组

组长：卫生所医生。

副组长：志愿者或者村民。

成员：志愿者或者村民。

职责：

（1）负责疏散演练过程中村民的医疗保障工作，保证疏散过程中的安全。

（2）疏散结束后示范创伤包扎和徒手心肺复苏。

6. 安置组

组长：村委会干部。

副组长：志愿者或者村民。

成员：志愿者或者村民。

职责：

（1）对进入避险安置场地的人员进行有序安置，维持好秩序。

（2）对所在避险区安置场地的应到人数、实到人数进行统计，并上报村指挥中心。

（3）负责避险安置区场地的安全检查，并向村指挥中心进行报告。

7. 灾情上报组

组长：村委会文书。

地震发生后，村民进行了紧急疏散，村指挥中心接到上报的撤离人员汇总数目后，迅速统计出未撤离出及受伤村民的人数、周边房屋倒塌情况、交通情况、应急物资储备情况、次生灾害情况、治安情况，向上级部门报告，等待救援。

七、基本要求和注意事项

（1）参加演练的全体人员要树立"安全第一、责任第一"的思想，服从安排、听从指挥，特别是工作人员要了解演练方案，尽职尽责，确保演练顺利进行。

（2）模拟地震发生时，各户主是负责组织家庭成员进行疏散的第一责任人，要按照方案要求指挥家人开展疏散演练，确保家人安全。

（3）演练时按照确定的避险方式、疏散路线逃生，不得随意改变。

（4）疏散过程中，学会自护，撤离中严防绊倒、碰撞。

（5）如发生演练意外事故，要保持镇静，做出正确的判断，行动迅速。

（6）各路口负责人负责检查所负责区域人员疏散情况，确定最后一位村民离开后才能离开。

（7）到达避险区域后，以家庭为单位集中，由户主清点人数，向应急避难场所负责人报告情况。

（8）其他未尽事宜由项目组负责解释。

八、突发事件处理

（1）有特殊疾病（包括行动不便的老人）不能参加演练的家庭成员，由户主提前告知路口的负责人并做好记录，免于参加。

（2）遇到障碍，最前面的村民要设法快速排除障碍，保证后面村民顺利撤离。

（3）如有村民跌倒，紧随其后的村民应快速将其扶起后继续撤离，其他村民要绕行，不要围观、拥挤，更不准往上压。

（4）户主在清查人数后，如发现人数不齐，不要回原处寻找，应先向负责人汇报，再做处理。

九、演练播音口令

12：00 请全体村民各就各位。

12：05 全体村民请注意，距示范村地震应急疏散演练开始还有 3 分钟。

12：07　距演练开始还有 1 分钟。距演练开始还有 10 秒、9 秒、8 秒、7 秒、6 秒、5 秒、4 秒、3 秒、2 秒、1 秒。

12：08　示范村发生里氏 6.3 级地震，请全体村民疏散到安全区域。低楼层开始疏散，高楼层进入避险状态。

12：50　有请本次疏散演练总指挥总结发言。

4.4　农村中小学地震应急疏散演练方案

应急疏散演练是中小学、幼儿园安全教育的重要组成部分，也是提升学生安全教育实效的有效途径。参考一栋四层楼的小学（化名"示范小学"）实例，结合农村中小学、幼儿园学生数量、楼层分布等情况进一步细化，在实战中不断探索制定与学校匹配的疏散演练方案。

示范小学地震应急疏散演练方案

为最大限度地减少地震灾害引发的人员和财产损失，增强安全意识，提高学生应对地震等突发事件的风险意识，帮助示范小学全体师生掌握正确的应急避险知识和方法，熟悉校园内应急疏散程序、逃生路线以及避难场所的位置，做到快速、有序、安全疏散，特制定本地震应急疏散演练方案，依次开展此次演练活动。

演练中模拟地区于当日 14：00 发生地震，此时师生正在上课。学校立即启动应急响应预案，进行紧急疏散。

一、演练地点、时间、人员

1. 地点：示范小学。

2. 时间：14：00—16：00。

3. 演练人员：示范小学全体师生、村卫生所医生、志愿者。

二、组织机构

1. 指挥机构

（1）成立地震应急疏散演练指挥部，全面负责本次疏散演练工作，包括总指挥、副组长、现场指挥。

（2）指挥部设办公室（办公室设主任 1 名，成员为各班班主任），职责包括：

①按照总指挥命令，向各小组传达指挥部指示，督促检查各组工作。

②保持与各工作组的实时联系，收集汇总、上传下达相关信息，提供指挥决策所需信息，向总指挥报告。

2. 工作机构

成立若干应急演练工作组，具体负责应急疏散演练的组织工作。

1）人员疏散与安置组（设组长和副组长）

主要职责：

（1）会同治安组对学校的应急疏散通道进行标识，设置疏散路线。

（2）安排疏导人员在教学楼的各楼层、楼梯口及一层各出口等疏散通道进行值守，维护主干疏散通道秩序，对疏散人群进行指挥引导和必要的保护。

（3）负责疏散到紧急避险安置地的学生秩序，协助治安组维护避险安置地的秩序。

（4）负责组织学生信息的及时收集，并向应急指挥部办公室报告。

（5）协助宣传组开展必要的宣传。

2）治安组（设组长和副组长）

主要职责：

（1）负责教学楼的所有大门及通道畅通。

（2）协助人员疏散，与安置组维护疏散通道和安置地的秩序。

（3）加强校园内巡逻，对财务等重要位置进行重点保护，保证紧急情况下的校园安全。

（4）协助人员疏散，与安置组对教学楼的应急疏散通道进行标识，设置明显的疏散路线。

3）通信宣传组（设组长和副组长）

主要职责：

（1）负责演练前期对各教室引导员开展防震减灾科普知识培训。

（2）负责宣传环境的布置，演练前在应急指挥部和各避险区安置点悬挂条幅等醒目标识。

（3）为应急指挥部、各工作组准备必要的喊话喇叭，安排广播室做好音响准备。

（4）会同技术支持组制作本次疏散演练相关的应急疏散图。

（5）疏散演练中控制广播室疏散口令的播放，同时负责演练中摄影录像等记录工作。

4）技术支持组（设组长和副组长）

主要职责：

（1）负责本次疏散演练的各项事前准备工作，组织演练方案的制定并指导落实。

（2）对演练前各组的准备工作进行巡视检查，安排人员记录各个点位疏散到达避险区安置点的时间，记录出现的问题并提出相关的改进意见。

3. 各疏散点现场指挥分工

（1）各楼层必需设有1名负责人（共4层）。

（2）各楼梯必需设有1名负责人（共8个楼梯）。

（3）一层各出口必需设有1名负责人（共4个出口）。

（4）各班级科普与方案讲解人员：本班班主任。

（5）各疏散点现场指挥主要职责：①全面负责所辖建筑物内人员的疏散工作；②执行指挥部命令，保障良好的应急疏散秩序和安全；③负责所辖疏散点人员到达避险区安置场地的情况检查，并向指挥部办公室报告。

4. 避险区安置场地指挥分工

（1）各班级避险区安置场地负责人：本班班主任、志愿者。

（2）避险区安置场地指挥主要职责：①对进入避险安置场地的人员进行有序安置，维持好秩序；②对所在避险区安置场地的应到及实到人数进行统计，并上报指挥部办公室；③负责所辖避险安置区场地的检查，并向指挥部办公室报告。

5. 各班级疏散引导分工

（1）各班级疏散引导员：班主任（第一责任人）、志愿者。

（2）各班级疏散引导主要职责：①到达教室前，要提前熟悉疏散路线和掌握各楼层教室分布情况，必须明确所在教室的疏散路线。②进入教室后，负责宣讲防震减灾相关科普知识以及避险逃生要点，同时向全班师生叙述清楚演练的程序、要求以及相关注意事项。③疏散时，志愿者在队伍前面，带领所在教室的学生沿既定的疏散路线进行疏散，班主任在队伍最后，上课老师在队伍中间。④到达对应的避险安置区后，迅速统计所在班级人数，确保无学生遗漏，维持好所在班级的秩序，查看学生有无受伤情况并进行现场处置，将情况上报所在避险区安置场地现场指挥。⑤疏散完毕后，负责带回本班级人员回到教室，并对本次疏散演练进行点评。

（3）疏散细节提示：①错开时间，分年级、分班级逐次下楼；前排走前门，后排走后门，不整队，顺次有序。②疏散时快步过楼梯，快速行走，保持安静，不应奔跑，保持适当间距。在撤离途中，如有学生跌倒，后面的一两名学生应快速将其扶起后继续撤离，其他同学要绕行，不要围观、拥挤，更不要往上压。③安排专人负责维持秩序，在楼梯、拐弯处、楼门口等危险地段要有教职工值守，引导学生疏散，防止拥挤踩踏。④在楼层内行进时，用衣服或湿毛巾捂住口鼻，另一只手扶住墙壁或楼梯，按照预定疏散路线，迅速行进到指定的避险区安置地点。

三、具体步骤程序

13:45　指挥机构、各工作组人员和参与演练人员等的全部工作准备就绪。

14:00　指挥机构、各工作组人员和参与演练人员全部到达指定位置；各教室疏散引导员向所在教室全体学生宣讲本次疏散演练程序，讲解地震应急避险的有关知识和逃生方法，讲明演练的时间、地点、疏散步骤和要领，以及演练时所在教室的疏散路线、疏散逃生后到达的避险区域；各教室疏散由班主任为第一责任人，疏散引导员协助班主任组织同学疏散。

14:05　指挥部办公室向各工作组、各疏散点现场指挥、各避险区安置场所现场指挥询问疏散的准备情况。

14:15　各工作组校对时间，现场指挥向总指挥报告疏散演练整体的准备情况，总指挥长宣布按计划进行演练。

14:22　进入疏散倒计时3分钟。

14:24　进入疏散倒计时1分钟。

14:25　疏散演练开始，模拟本地区发生严重地震，校园广播向各楼层疏导人员和参演人员发出疏散信号。各疏散点开始组织学生和有关人员按照疏散通道撤离建筑物，向指定的避险区域逃生。疏散过程中，人员疏导与安置组安排疏导人员负责维持疏散通道秩序，并进行必要安全保护。

14:35　疏散结束，各班级和疏散安置区相关负责人清点统计人数，并上报指挥部办公室；各工作组负责人向指挥部办公室报告本组任务完成情况。

14:40　疏散人数统计完毕，疏散结束。总指挥通报演练整体情况，并宣布地震应急疏散演练结束。全体参加演练人员在班主任的带领下，按照疏散路线有序回到教室，结合自己班级情况点评。

15:00　总指挥召集工作组成员对演练复盘总结、完善方案。

四、基本要求和注意事项

（1）参加演练的全体人员要树立"安全第一、责任第一"的思想，服从安排，听从指挥，特别是工作人员要了解演练方案，尽职尽责，确保演练顺利进行。

（2）模拟地震发生时，各班班主任是负责组织所辖区域人员疏散的第一责任人，要按照方案要求指挥学生开展疏散演练，确保学生安全。

（3）演练时按照确定的避险方式、疏散路线逃生，不得随意改变。

（4）疏散过程中，学会自我保护，撤离中严防绊倒、碰撞。

（5）如发生演练意外事故，要保持镇静，以"抢救伤员、遏制发展、减少损失"为原则，做出正确判断，行动迅速。

（6）各楼层疏导人员负责检查所负责楼层教室人员疏散情况，确定最后一名学生离开后才能离开。

（7）到达避险区域后，以班级为单位集合，由各班班主任清点人数，向领导报告情况。

（8）演练结束前，学生不得擅自离开进入教室。

（9）其他未尽事宜由指挥部办公室负责解释。

五、突发事件处理

（1）有特殊疾病不能参加演练的同学，提前告知班主任，免于参加。

（2）遇到障碍，最前面的同学要设法快速排除障碍，保证后面同学顺利疏散。

（3）在清查人数时，如果发现人数不齐，不要回原处寻找，班主任应先向领导汇报，再做处理。

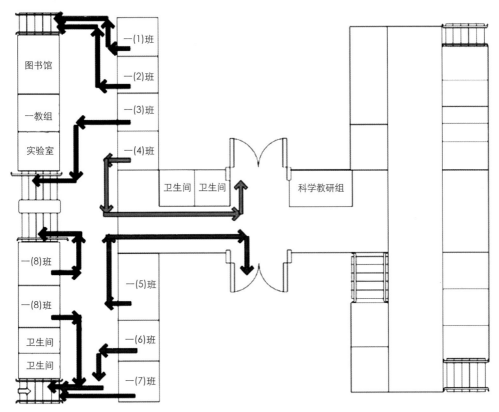

示范小学学校疏散线路图

参考文献

[1] 胡慧文，王永波，蒋汉朝，等 . 京津冀地区历史地震事件时空特征研究 [J].古地理学报，2021，23（2）：435 - 448.

[2] 姜鹏飞 . 京津冀地区历史强震重现模拟及灾害损失分析 [D].哈尔滨：中国地震局工程力学研究所，2023.

[3] 雷生学，刘建波，WELDON R J，等 . 1976 年天津宁河 M_S 6.9 地震发震构造的研究及其意义 [J].第四纪研究，2022，42（3）：755 - 767.

[4] 王兰民，林学文 . 农村民房的地震破坏特征与震害预测 [J].震灾防御技术，2006（4）：337 - 344.

[5] 田得元 . 农村建筑区域特点及典型结构地震易损性分析 [D].哈尔滨：中国地震局工程力学研究所，2021.

[6] 贺树德 . 北京及周边地区历史地震研究（1902—2012）[M].北京：北京燕山出版社，2013.06.

[7] 郭增建 . 中国历史地震研究文集（2）[M].北京：地震出版社，1991.

[8] 孟晓春，肖明德，沈繁銮 . 地震避险与自救互救案例及指南 [M].北京：地震出版社，2020.

[9] 张亚东，董杰，肖金平 . 河北省地质构造重力推断解释 [J].物探与化探，2011，35（2）：143 - 148.

[10] 朱桃花，郑建锋 . 农村精准到户地震避险设计及实例 [M].北京：地震出版社，2020.

附　录

［附录 A］　术语及定义

（1）震源（earthquake source；seismic source）：产生地震的源。

（2）震中（epicenter）：震源在地面上的投影。

（3）震级（earthquake magnitude）：对地震大小的量度。

（4）地震烈度（seismic intensity）：地震引起的地面震动及其影响的强弱程度。

（5）地震烈度等级：地震烈度划分为 12 等级，用罗马数字（Ⅰ～Ⅻ）或阿拉伯数字（1～12）表示。

（6）地震避险（avoiding danger of earthquake）：为减轻因地震引起的建（构）筑物或其他设施破坏对人员的伤害而采取的震前避险准备、震时避险和震后疏散的应急举措。

（7）震时避险（avoiding danger in earthquake）：地震发生时所采取的就近躲避和撤离的行为。

（8）震后疏散（evacuation after seismic ground motion）：地震动结束后，组织人员有序撤离建（构）筑物的避险行为。

（9）地震应急避难场所（emergency shelter for earthquake disasters）：为应对地震等突发事件，经规划、建设，具有应急避难生活服务设施，可供居民紧急疏散、临时生活的安全场所。

［附录 B］ 相关报道

农民日报社主办
2023年12月6日 11:30:15 星期三

| ⌂ 首页 | 🖥 学习 ∨ | 📰 新闻 ∨ | 📊 思想 ∨ | 🔲 互动 ∨ | ⊙ 视听 ∨ | ⊙ 行业 ∨ | 🖼 农报 |

| 学而时习 | 政策 | 法规 | 解读 | 云课堂 | 深壹度 | 案例 | 谣言库 | 会议活动 |

首页 > 会议活动 > 详情

防灾科普"接地气" 筑牢乡村"防火墙"

来源：农民日报客户端 ｜ 编辑：倪杨金子 ｜ 作者：郑建锋 李魁明 ｜ 2023-11-07 18:01:49　　A+　A-

　　在第32个全国消防宣传日即将来临之际，防灾科技学院应急管理学院携手河北省三河市委宣传部文明创建办公室拓宽科普渠道、聚焦目标受众，在辖区内乡村、幼儿园等地开展防灾减灾科普宣传志愿服务，营造积极参与科普学习的浓厚氛围，提升村民、儿童防范化解火灾、地震等灾害风险的意识与能力。

防灾减灾 你我同行——尤古庄镇侯庄子村联合防灾科技学院开展防灾自救宣传活动

美丽尤古庄 2023-11-06 18:37 发表于天津

点击蓝字，关注我们

　　为广泛普及防灾减灾和灾害自救互救知识，增强群众风险防范意识，提高群众应急避险能力，构建和谐平安村庄，近日，尤古庄镇侯庄子村联合防灾科技学院开展防灾自救宣传活动。防灾科技学院办公室副主任郑建锋、防灾科技学院应急管理学院团总支书记李魁明、防灾科技学院教师朱桃花、华北科技学院教师岳丽娜和多名学生参加此次活动。

　　活动通过集体座谈、入户走访、填写问卷等形式进行，了解村民们对防灾自救知识的掌握程度，并向群众宣传防灾减灾知识和避灾自救技能，提高各级综合减灾能力；同时，提醒大家在日常工作、生活中及时消除身边各类安全隐患，保障自身生命财产安全。

　　本次活动的开展增长了群众防灾减灾知识，提高了群众对自然灾害预防的高度关注，推动了全民防灾减灾科学知识的普及，营造了全村重视安全的良好氛围。下一步，侯庄子村将持续开展防灾减灾活动宣传，谨慎预防生活中的每一种灾害，让灾难远离，人民幸福！

供稿：侯庄子村

编辑：闫美美

审核：韩凤平

应急管理大学（筹）来中门辛调研并入户为村民宣传防灾知识

古韵人文生态 中门辛　2023-11-04 17:18　发表于河北

收录于合集
#中门辛
　　　　　　　　　　　　　　　　　　　　　　　　28个 >

　　2023年11月4日上午，应急管理大学（筹）党委办公室副主任郑建锋、防灾科技学院应急管理学院团总支书记李魁明、防灾科技学院老师朱桃花、华北科技学院老师岳丽娜和多名学院学生来到中门辛调研并入户为村民宣传防灾知识。

　　应急管理大学（筹）的领导和师生们深入中门辛村街、入户为村民认真讲解防灾知识，并发放防灾自救指南宣传册。

关注 | 古韵人文生态·中门辛

您想了解的中门辛文旅之梦都在这里

融合古韵新风，传承人文底蕴，汇聚文艺精英，发展文旅产业，打造生态和谐的宜居家园。

📍 中门辛村委会 地址导航

［附录 C］ 感谢信

年　月　日　　　　　　第　页

感 谢 信

防灾科技学院：

　　我谨代表邢各庄村向前来进行防震减灾宣传的应急管理学院师生在百忙之中前往我村，为村民们进行防震减灾科普宣传，把防灾科普宣传到村，落实到户，精确到人，让各家各户都了解了地震来临时的自救措施，明确了自家房屋的危险点，掌握了正确的逃生路线，极大增强了村民们的应急意识与防灾意识。经过贵校师生的科普，村民们普遍反馈良好，自救能力得到了极大的提升！

　　你们将防震减灾知识科普到农村，进入到农户，让村民足不出户便能学习到地震来临时的自救措施，提升他们的防灾减灾意识，让他们对地震有更深刻的了解。再次感谢你们对邢各庄村防震减灾能力提升而做出的贡献。

邢各庄村支部委员会

2022年11月2日

祖光纸品

感 谢 信

防灾科技学院：

　　你校应急管理学院师生在此次地震避险调查及宣讲活动中，深入农户，认真走访，通过对村民和村干部的采访调查，了解了家家户户安全通道和危险建筑的具体情况并给出了相关建议，以真情和热心赢得了村民们的信任，使村民更加了解防震减灾相关知识，为本村合理化建设作出了突出贡献。

　　你校师生高度的责任感，扎实的专业知识和不怕困难，求真务实的精神品质，成员们团结协作，吃苦耐劳，采用实际行动展现了当代大学生青春激昂精神风貌，再次对贵校项目组的到来表示衷心的感谢！真诚地祝愿贵校的教育事业越办越好，人才辈出！

天津市侯庄子村党支部

2023年11月4日

感谢信

防灾科技学院：

我代表本村的全体村民，感谢你们在此次精准入户地震避险调查反宣讲活动中给予我们的关注和帮助。在这次活动中，你们不仅带来了宝贵的知识和经验，更传递了对我们村民的关心和爱心。你们风趣易懂的语言，生动形象的案例，向我们讲解了如何在灾害来临时保护自己，如何提前做好准备，以及如何应对紧急情况。这些知识对我们村民来说，无疑是宝贵的财富。

通过你们的入户调查，我们深刻认识到了灾害防范的重要性，也明白了自己在面对灾害时应该如何行动，并准确掌握了自己家的逃生路线。你们在活动过程中，耐心倾听我们的问题和困惑，给予我们细心的解答和指导。你们的耐心和细心，让我们感到了年轻人的热情和责任心，也让我们对未来充满了希望。感谢你们的付出和奉献，感谢你们为我们村民带来的关怀和温暖。我们将永远铭记你们的善行，将你们的爱心传递给更多的人。

最后，再次向你们表达我们最衷心的感谢和祝福。希望你们能够继续传播正能量，为社会做出更多的贡献。祝愿你们在未来的道路上一帆风顺，取得更大的成就！衷心感谢！

三河市徐庄镇中门子村党支部

2023年8月4日